4年生で習った分数の計算

今日のせいせき
まちがいが

0~2こ よくできたね!

3~5こ できたね

6こ~ がんばれ

4年生で習った分数のたし算とひき算の復習をするよ。
分母が同じ計算はカンペキにしておこう。

計算をしましょう。

分母はそのままで,
分子どうしを
計算するのじゃ。

① $\frac{2}{3}+\frac{2}{3}$

② $\frac{5}{7}-\frac{2}{7}$

③ $\frac{8}{9}+\frac{5}{9}$

④ $\frac{9}{5}-\frac{4}{5}$

⑤ $\frac{1}{6}+\frac{5}{6}$

⑥ $\frac{7}{11}+\frac{5}{11}$

⑦ $\frac{3}{4}+\frac{5}{4}$

⑧ $\frac{13}{10}-\frac{3}{10}$

⑨ $\frac{10}{8}-\frac{5}{8}$

⑩ $\frac{5}{7}+\frac{6}{7}$

⑪ $\frac{10}{9}-\frac{3}{9}$

⑫ $\frac{10}{4}-\frac{3}{4}$

2 計算をしましょう。

① $1\frac{5}{6}+2\frac{1}{6}$

② $2\frac{3}{5}-1\frac{1}{5}$

③ $2\frac{2}{3}+2\frac{1}{3}$

④ $3\frac{1}{3}-1\frac{2}{3}$

⑤ $2\frac{5}{9}+1\frac{8}{9}$

⑥ $3\frac{5}{11}-3\frac{2}{11}$

テストに出るうんこ

「うんこを狩る者たち」

うんこハンター名鑑

ワールド編

1

「うんこハンティング」のジャンルを世界的に有名にした立役者であり，うんこハンターの代名詞的存在。一流サッカー選手やロックスター級の人気をほこる。ルックス，実力，カリスマ性，すべてを兼ね備えたまさに「スター」である。

公倍数・最小公倍数①

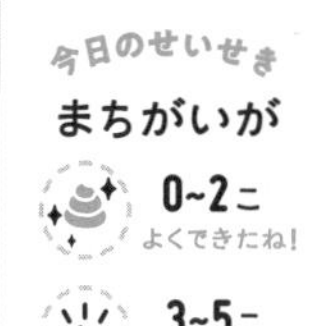

0~2こ よくできたね！
3~5こ できたね
6こ~ がんばれ

公倍数や最小公倍数は分母がちがう分数のたし算やひき算で使うよ。しっかり練習しよう。

1 2と3の公倍数を小さいほうから順に3つと，最小公倍数の求め方を考えます。

> 2と3の共通な倍数を2と3の**公倍数**という。
> また，公倍数のうちで，いちばん小さい数を，**最小公倍数**という。

公倍数は，最小公倍数の倍数になっているのじゃ。

2の倍数は，2，4，6，8，10，12，14，16，18，20，…
3の倍数は，3，6，9，12，15，18，21，…

2と3の公倍数は，6，12，18，…
2と3の最小公倍数は，6

6，12，18（×2，×3）
最小公倍数

2 1～30までの整数で，3と4の公倍数と最小公倍数を，①～④の順に考えて答えましょう。

① 3の倍数を全部答えましょう。

② 4の倍数を全部答えましょう。

③ 3と4の公倍数を全部答えましょう。

④ 3と4の最小公倍数を答えましょう。

3 （ ）の中の数の公倍数を小さいほうから順に3つと，最小公倍数を答えましょう。

① (4, 6)

公倍数

最小公倍数

② (5, 10)

公倍数

最小公倍数

③ (7, 3)

公倍数

最小公倍数

④ (8, 10)

公倍数

最小公倍数

テストに出るうんこ

「うんこを狩る者たち」

うんこハンター名鑑

ワールド編

2

ナサホディカ・ウポル

「それ…おれ、見つけたうんこ…。
おまえの、ちがう…。」

南太平洋の小国サモアに住むうんこハンター。カンガルーやコアラの他，クロコダイルやホオジロザメなど危険生物のうんこをハントすることも。性格はおだやかだが，彼のうんこハンティングの邪魔をすれば，ただではすまされないだろう。

公倍数・最小公倍数②

公倍数は，最小公倍数の倍数になっているね。だから，
公倍数は，まず，最小公倍数を求めて考えるといいね。

1 2と3の公倍数を小さいほうから順に3つと，最小公倍数の求め方を考えます。

・2と3の公倍数は，最小公倍数を2倍，3倍，…すると求められる。
・最小公倍数は，大きいほうの数3の倍数を小さいほうから順に求めて，小さいほうの数2でわって見つける。

● 3の倍数は，3，6，9，…
この中で2でわって
最初にわり切れる［6］が
最小公倍数。
6÷2=3

● 2と3の公倍数は，
6×1＝［6］，（最小公倍数）
6×2＝［12］，
6×3＝［18］，…

2 4と10の公倍数を小さいほうから順に3つと最小公倍数を，①～③の順に考えて答えましょう。

① 10の倍数を順に［　］に書きましょう。

10，［　　］，［　　］，…

② ①で求めた数を4でわって，4と10の最小公倍数を答えましょう。

③ ②で求めた最小公倍数を使って，公倍数を3つ求めましょう。

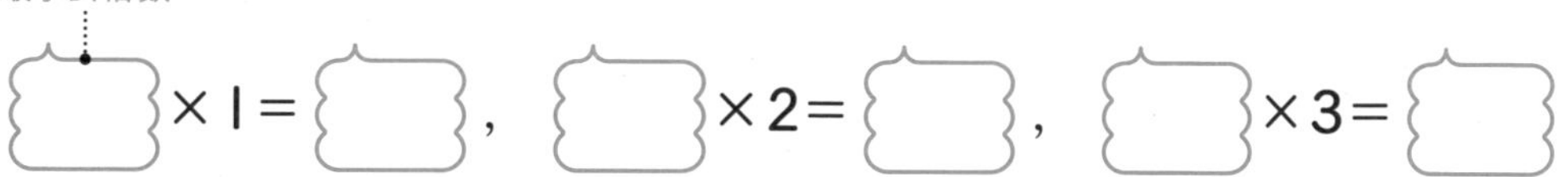

3 （　）の中の数の公倍数を小さいほうから順に3つと，最小公倍数を答えましょう。

① (6, 8)

公倍数

最小公倍数

② (5, 7)

公倍数

最小公倍数

③ (4, 12)

公倍数

最小公倍数

④ (8, 12)

公倍数

最小公倍数

うんこ文章題にチャレンジ！ 1

体重計が2台あります。重さ3kgのうんこと，重さ5kgのうんこをそれぞれの体重計に乗せていきます。
最初に重さが等しくなるのは，何kgのときですか。

答え

公倍数・最小公倍数③

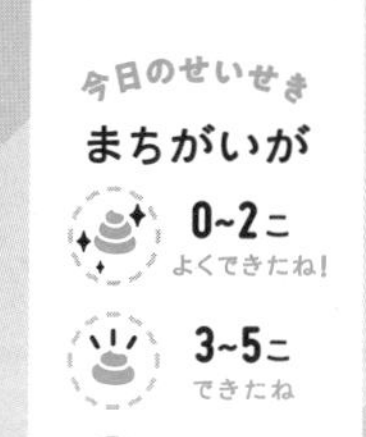

3つの数の公倍数や最小公倍数も求められるようになろう。

1 2と4と5の公倍数を小さいほうから順に3つと，最小公倍数の求め方を考えます。

- いちばん大きい数5の倍数は，
  5，10，15，20，25，…
  この中で4でも2でもわり切れる最初の数 20 が最小公倍数。
  20÷4=5，20÷2=10

- 2と4と5の公倍数は，
  20×1＝ 20 ，
  20×2＝ 40 ，
  20×3＝ 60 ，…

求め方は
2つの数のときと
同じじゃぞ。

2 3と4と6の公倍数を小さいほうから順に3つと最小公倍数を，①～③の順に考えて答えましょう。

① 6の倍数を順に□に書きましょう。

6，□，□，…

② ①で求めた数を4と3でわって，3と4と6の最小公倍数を答えましょう。

③ ②で求めた最小公倍数を使って，公倍数を3つ求めましょう。

最小公倍数

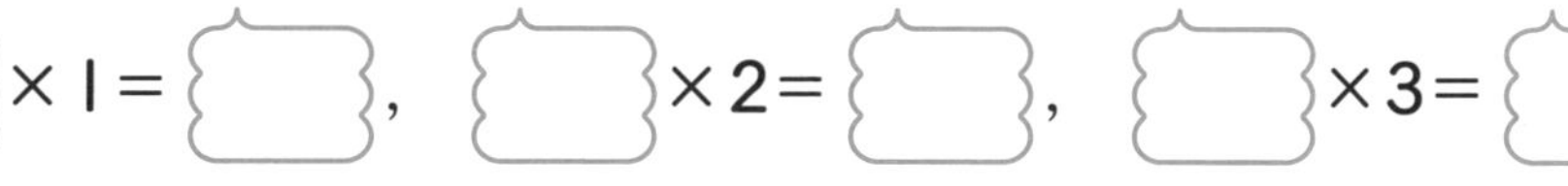

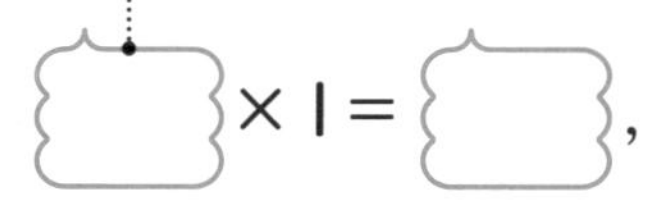

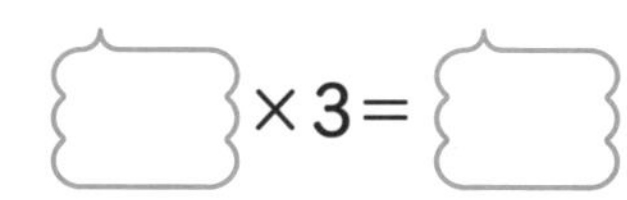

□×1＝□，□×2＝□，□×3＝□

3 ( )の中の数の公倍数を小さいほうから順に3つと，最小公倍数を答えましょう。

① (2，3，5)

公倍数

最小公倍数

② (5，8，10)

公倍数

最小公倍数

③ (4，6，8)

公倍数

最小公倍数

④ (3，4，12)

公倍数

最小公倍数

テストに出るうんこ

「うんこを狩る者たち」うんこハンター名鑑 ワールド編 3

黄兄弟

「兄者、あそこにうんこが55個。」
「いや弟よ。56個だ。」

香港出身の双子うんこハンター。「黄式十道具」と呼ばれる独自の機械と，圧倒的なコンビネーションからくり出される多彩な技で，世界中のうんこを狩りまくる。彼らが「日本のうんこ」を次のターゲットにしたという噂もあるが，果たして…。

公約数・最大公約数①

今日のせいせき
まちがいが

0~2こ よくできたね!
3~5こ できたね
6こ~ がんばれ

公約数や最大公約数は，分母がちがう分数のたし算とひき算で使うよ。しっかり練習しよう。

1 8と12の公約数全部と，最大公約数の求め方を考えます。

8と12の共通な約数を8と12の**公約数**という。
また，公約数のうちで，いちばん大きい数を，**最大公約数**という。

8の約数は，　1，2，　4，　8
12の約数は，　1，2，3，4，6，12

8と12の公約数は，　1，2，　4
8と12の最大公約数は，　4

公約数は，
最大公約数の
約数になって
いるぞい。

4の約数は，
最大公約数
1，2，4，

2 18と30の公約数全部と最大公約数を，①～④の順に考えて答えましょう。

① 18の約数を全部答えましょう。

② 30の約数を全部答えましょう。

③ 18と30の公約数を全部答えましょう。

④ 18と30の最大公約数を答えましょう。

（ ）の中の数の公約数全部と，最大公約数を答えましょう。

① (7, 13)

公約数

最大公約数

② (12, 16)

公約数

最大公約数

③ (5, 15)

公約数

最大公約数

④ (18, 27)

公約数

最大公約数

テストに出るうんこ

「うんこを狩る者たち」うんこハンター名鑑

ワールド編

4

リッキー・サービスJr.

『HAHAHAHAHAHA!!!
そっちは今オレがしたうんこだぜ〜〜〜!!』

「テキサスの荒牛」の異名を持つ，パワフルなうんこハンター。常に笑顔を絶やさず，ジョークを飛ばしながらうんこをハントする姿に，根強いファンが多い。レギュラー番組「リッキーのサタデーうんこショー」も人気。

公約数・最大公約数②

公約数と最大公約数の求め方をマスターしよう。

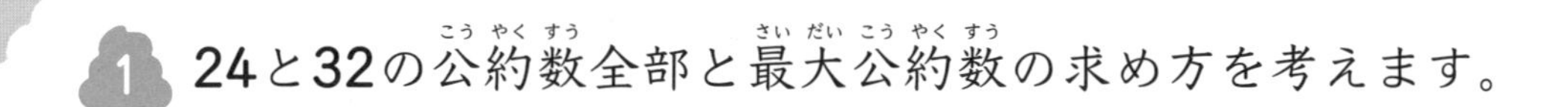

1 24と32の公約数全部と最大公約数の求め方を考えます。

・まず，小さいほうの数24の約数を全部求める。
・次に，大きいほうの数32を24の約数でわって，公約数を求める。

● 24の約数は，

1，2，3，4，6，8，12，24

● 24の約数のうち，32をわってわり切ることができるのは

1，2，4，8

32÷1=32　32÷2=16　32÷4=8　32÷8=4

● 24と32の公約数は，

1，2，4，8

最大公約数は，8

公約数は，最大公約数の約数になっているか確かめるのじゃ。最大公約数8の約数は1，2，4，8じゃぞ。

2 16と40の公約数全部と最大公約数を，①～③の順に考えて答えましょう。

① 16の約数を全部答えましょう。

② 40を①で求めた約数でわって，16と40の公約数を全部答えましょう。

③ 16と40の最大公約数を答えましょう。

3 （ ）の中の数の公約数全部と，最大公約数を答えましょう。

① (14, 35)

公約数

最大公約数

② (8, 16)

公約数

最大公約数

③ (20, 28)

公約数

最大公約数

④ (32, 56)

公約数

最大公約数

うんこ文章題にチャレンジ！ 2

1目もりが1cmの長方形の形をした方眼うんこがあります。たて18cm，横10cmです。これを目もりの線にそって切り，うんこのあまりがでないように，同じ大きさの正方形うんこを作ります。できるだけ大きな正方形うんこに分けるには，1辺を何cmにすればよいですか。

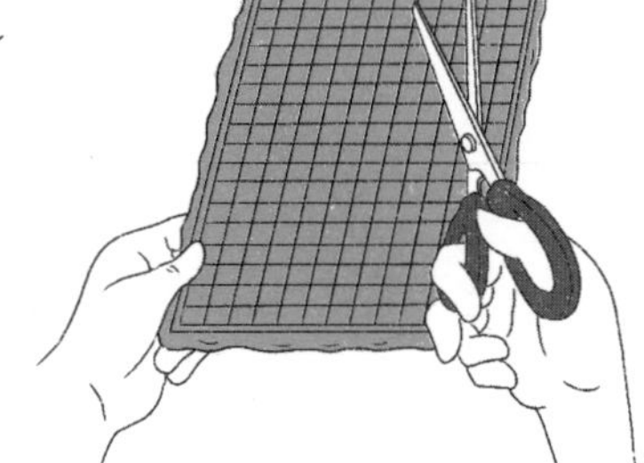

答え

公約数・最大公約数③

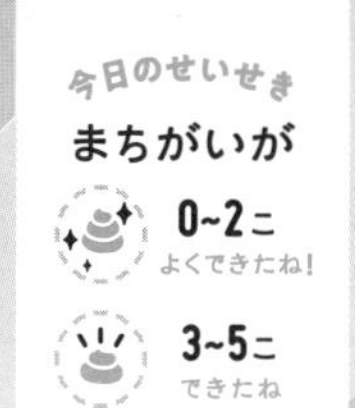

3つの数の公約数や最大公約数も求められるようになろう。

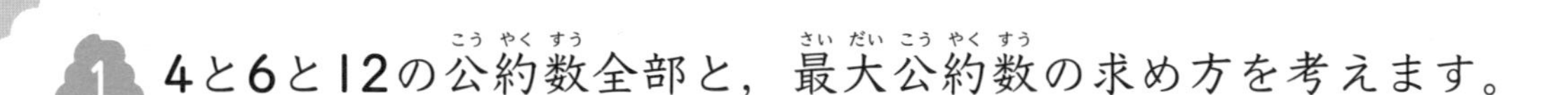

1 4と6と12の公約数全部と，最大公約数の求め方を考えます。

- いちばん小さい数4の約数は，1，2，4
- 4の約数のうち，残りの6と12をわって，わり切ることができるのは，

  1，　　2

  6÷1=6，12÷1=12　　6÷2=3，12÷2=6

  4と6と12の公約数は， 1，2

- 4と6と12の最大公約数は，2

求め方は
2つの数のときと
同じじゃぞ。

2 8と10と12の公約数全部と最大公約数を，①～③の順に考えて答えましょう。

① 8の約数を全部答えましょう。

② 10と12を①で求めた約数でわって，8と10と12の公約数を全部答えましょう。

③ 8と10と12の最大公約数を答えましょう。

( )の中の数の公約数全部と，最大公約数を答えましょう。

① (16, 20, 32)

公約数

最大公約数

② (3, 5, 7)

公約数

最大公約数

③ (15, 20, 30)

公約数

最大公約数

④ (12, 18, 30)

公約数

最大公約数

テストに出るうんこ

「うんこを狩る者たち」うんこハンター名鑑 ワールド編 5

元キックボクサーという異色の経歴の持ち主。本人いわく「おれの足はそれ自体が生き物なんだ」と表すほどの変幻自在の足技を駆使し，うんこを狩る。必殺技は，大蛇のうんこをハントした時に編み出した秘技「ゴッド・スネーク・ダンス」。

分数と小数，整数の関係

今日のせいせき
まちがいが
 0~2こ よくできたね！
 3~5こ できたね
6こ~ がんばれ

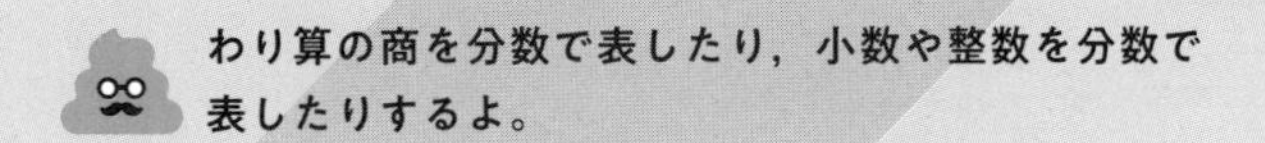

わり算の商を分数で表したり，小数や整数を分数で表したりするよ。

1 5÷7の商を分数で表すことを考えます。

わり算の商は，分数で表すことができる。　■÷●＝$\frac{■}{●}$　5÷7＝$\frac{5}{7}$

2 0.19や5を分数で表すことを考えます。

- 小数は10，100などを分母とする分数で表すことができる。　0.01＝$\frac{1}{100}$だから，0.19＝$\frac{19}{100}$

- 整数は，1などを分母とする分数で表すことができる。　5＝$\frac{5}{1}$

3 わり算の商を分数で表しましょう。

① 5÷9　② 7÷11

③ 10÷3　④ 13÷4

4 小数や整数を分数で表しましょう。
整数は1を分母とする分数で表しましょう。

① 0.9　② 1.03　③ 18

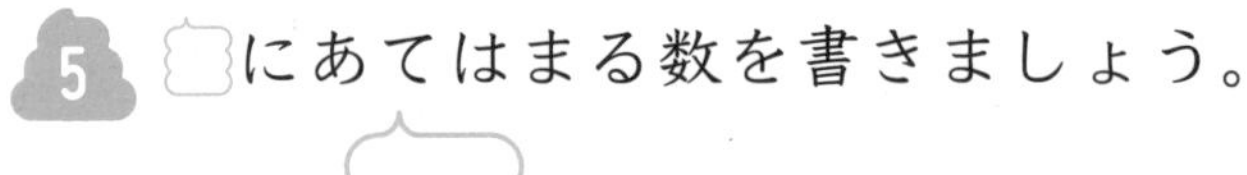

5 □にあてはまる数を書きましょう。

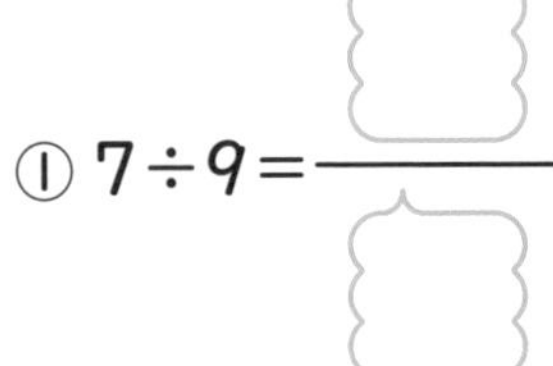

① $7 \div 9 = \dfrac{\square}{\square}$　　② $\dfrac{11}{8} = \square \div \square$

6 分数を小数か整数で表しましょう。

① $\dfrac{11}{5}$　　② $\dfrac{1}{4}$　　③ $\dfrac{6}{2}$

7 数の大きさを比べて，□にあてはまる不等号を書きましょう。

① $0.6 \ \square \ \dfrac{4}{5}$　　② $1.8 \ \square \ \dfrac{7}{4}$

テストに出るうんこ

「うんこを狩る者たち」うんこハンター名鑑

ワールド編

6

スカーレット・ロア

うんこハンティング界で「女帝」の名で恐れられている美形うんこハンター。顔に似合わず負けずぎらいであり，第 30 回世界うんこハント大会決勝でジェイムスと 78 時間にわたってくり広げた死闘は伝説となっている。

9 かくにんテスト 1

今日のせいせき
まちがいが

0~2こ よくできたね!

3~5こ できたね

6こ~ がんばれ

点

1 (　) の中の数の公倍数を小さいほうから3つと，最小公倍数を求めましょう。〈全部できて1つ5点〉

① (7, 14)　公倍数
最小公倍数

② (6, 9)　公倍数
最小公倍数

③ (5, 9)　公倍数
最小公倍数

④ (8, 10, 16)　公倍数
最小公倍数

2 (　)の中の数の公約数全部と，最大公約数を求めましょう。〈全部できて1つ5点〉

① (3, 9)　公約数
最大公約数

② (10, 12)　公約数
最大公約数

③ (20, 30)　公約数
最大公約数

④ (24, 36, 42)　公約数
最大公約数

3 □にあてはまる数を書きましょう。 〈1つ5点〉

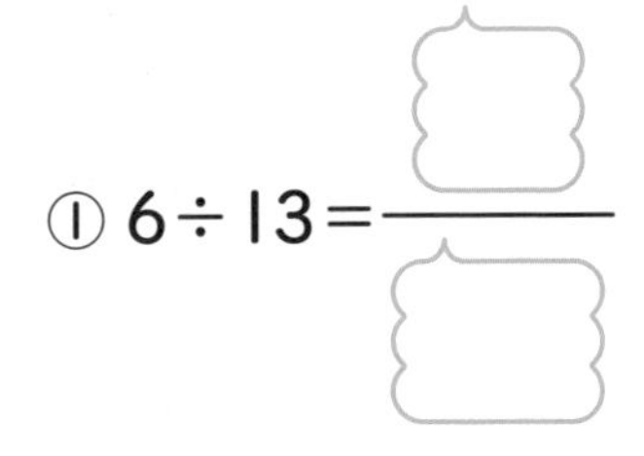

① $6 \div 13 = \dfrac{□}{□}$

② $14 \div 9 = \dfrac{□}{□}$

③ $\dfrac{2}{9} = □ \div □$

④ $\dfrac{7}{6} = □ \div □$

4 小数や整数を分数で表しましょう。
整数は1を分母とする分数で表しましょう。 〈1つ5点〉

① 0.7　② 2.37　③ 7

5 分数を小数か整数で表しましょう。 〈1つ5点〉

① $\dfrac{5}{8}$　② $\dfrac{3}{4}$　③ $\dfrac{9}{3}$

6 次のうち，「うんこハンティング」を世界的に有名にしたうんこハンターはだれですか。 〈10点〉

い

う

約分(やくぶん)

3~5こ
できたね

6こ~
がんばれ

分数の分母と分子を同じ数でわっても，分数の大きさは変わらないね。約分では，このことを使うよ。

1 $\frac{20}{24}$を約分(やくぶん)するしかたを考えます。

分母と分子を，それらの公約数(こうやくすう)でわって，分母の小さい分数にすることを約分するという。

分母と分子を公約数でわれなくなるまでわる。

$$\frac{\cancel{20}^{\cancel{10}\,5}}{\cancel{24}_{\cancel{12}\,6}}=\frac{5}{6}$$

24と20を2でわってから，さらに2でわる。

分母と分子を最大公約数(さいだいこうやくすう)でわる。

$$\frac{\cancel{20}^{5}}{\cancel{24}_{6}}=\frac{5}{6}$$

24と20の最大公約数の4でわる。

2 約分しましょう。

① $\frac{5}{15}$

② $\frac{4}{16}$

③ $\frac{18}{45}$

④ $\frac{4}{18}$

⑤ $\frac{3}{15}$

⑥ $\frac{6}{42}$

⑦ $\frac{8}{64}$

⑧ $\frac{12}{32}$

⑨ $\frac{24}{30}$

⑩ $\frac{7}{63}$

3 約分しましょう。

① $\frac{12}{18}$

② $\frac{9}{12}$

③ $\frac{15}{25}$

④ $\frac{21}{28}$

⑤ $\frac{32}{40}$

⑥ $\frac{3}{21}$

⑦ $\frac{8}{16}$

⑧ $\frac{16}{40}$

⑨ $\frac{16}{72}$

⑩ $\frac{9}{54}$

テストに出るうんこ

「うんこを狩る者たち」

うんこハンター名鑑

ワールド編

7

エミリオ・カマーチョ

『うひひひ。おれも捕まえられないやつらに、うんこなんて狩れないよねぇ～』

明るい笑顔とは裏腹に，うんこを狩るためならどんな残虐な手を使うこともいとわない，悪のうんこハンター。国際うんこハント連盟から指名手配されているが，戦闘能力も極めて高いため，いまだ捕まっていない。

通分（つうぶん）

分数の分母と分子に同じ数をかけても分数の大きさは変わらないね。通分はこのことを使うよ。

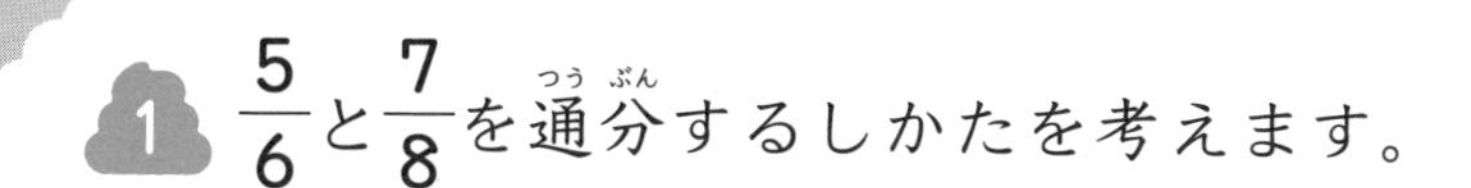

1 $\frac{5}{6}$と$\frac{7}{8}$を通分（つうぶん）するしかたを考えます。

分母がちがういくつかの分数を，分母が同じ分数に直すことを**通分する**という。

分母の最小公倍数（さいしょうこうばいすう）を共通な分母にする。6と8の最小公倍数は24

$\frac{5}{6} = \frac{20}{24}$（×4）　$\frac{7}{8} = \frac{21}{24}$（×3）

$\left(\frac{5}{6}, \frac{7}{8}\right)$を通分すると，

$\left(\frac{20}{24}, \frac{21}{24}\right)$

2 （　）の中の分数を通分しましょう。

① $\left(\frac{3}{4}, \frac{5}{6}\right)$　4と6の最小公倍数は［　　］

通分すると（　　，　　）

② $\left(\frac{1}{2}, \frac{3}{4}\right)$

③ $\left(\frac{3}{5}, \frac{4}{7}\right)$

④ $\left(\frac{3}{10}, \frac{1}{8}\right)$

3 （　）の中の分数を通分しましょう。

① $\left(\frac{3}{4}, \frac{3}{5}\right)$　　② $\left(\frac{1}{6}, \frac{3}{8}\right)$

③ $\left(\frac{3}{10}, \frac{2}{5}\right)$　　④ $\left(\frac{1}{4}, \frac{3}{10}\right)$

⑤ $\left(\frac{3}{7}, \frac{2}{3}\right)$

テストに出るうんこ

「うんこを狩る者たち」
うんこハンター名鑑
ワールド編
8

ハインリヒ
「最後に君のうんこに
足りなかったものを
教えてあげよう…。
気品なのだよ。」

アメリカの雑誌 Unko Times で「世界で最も美しくうんこをハントする男」としても紹介されたドイツの至宝。一つのうんこを狩るために，服やアクセサリーを1年以上かけて選ぶことも。有名ブランドのモデルもつとめる。

分数のたし算①

今日のせいせき
まちがいが
0~2こ よくできたね!
3~5こ できたね
6こ~ がんばれ

分母のちがう分数のたし算は，分母を同じにすればできるね。やってみよう。

1 $\dfrac{2}{3}+\dfrac{1}{4}$の計算のしかたを考えます。

分母のちがう分数のたし算は，通分(つうぶん)してから計算する。

$$\frac{2}{3}+\frac{1}{4}=\frac{8}{12}+\frac{3}{12}$$ ……通分する。

$$=\frac{11}{12}$$

分母が同じになったら，分母はそのままで，分子だけたせばいいのじゃ。

2 計算をしましょう。

① $\dfrac{1}{2}+\dfrac{1}{3}$

② $\dfrac{3}{4}+\dfrac{1}{6}$

③ $\dfrac{5}{8}+\dfrac{1}{4}$

④ $\dfrac{3}{7}+\dfrac{1}{6}$

⑤ $\dfrac{3}{16}+\dfrac{1}{2}$

⑥ $\dfrac{3}{8}+\dfrac{7}{9}$

⑦ $\dfrac{5}{14}+\dfrac{5}{7}$

⑧ $\dfrac{9}{10}+\dfrac{3}{4}$

3 計算をしましょう。

① $\frac{3}{4}+\frac{2}{3}$

② $\frac{4}{7}+\frac{3}{8}$

③ $\frac{7}{12}+\frac{1}{3}$

④ $\frac{1}{6}+\frac{1}{4}$

⑤ $\frac{5}{8}+\frac{1}{2}$

⑥ $\frac{2}{3}+\frac{1}{9}$

⑦ $\frac{4}{9}+\frac{1}{15}$

⑧ $\frac{3}{20}+\frac{1}{5}$

⑨ $\frac{1}{15}+\frac{1}{6}$

⑩ $\frac{1}{8}+\frac{7}{10}$

うんこ文章題にチャレンジ！ 3

うんこがピチピチ飛びはねていました。
海水を $\frac{1}{3}$Lかけるとうれしそうにしていたので，
さらに $\frac{1}{4}$Lの海水をかけました。
うんこにかけた海水は全部で何Lですか。

答え ＿＿＿＿＿＿＿＿

分数のひき算①

今日のせいせき
まちがいが
0~2こ よくできたね！
3~5こ できたね
6こ~ がんばれ

分母のちがう分数のひき算は，分母を同じにすればできるね。

1 $\frac{2}{3}-\frac{1}{5}$の計算のしかたを考えます。

分母のちがう分数のひき算は，通分（つうぶん）してから計算する。

$$\frac{2}{3}-\frac{1}{5}=\frac{10}{15}-\frac{3}{15}$$ ←通分する。

$$=\frac{7}{15}$$

分母が
同じになったら，
分母はそのままで，
分子だけ
ひけばいいのじゃ。

2 計算をしましょう。

① $\frac{5}{6}-\frac{1}{4}$

② $\frac{1}{2}-\frac{1}{12}$

③ $\frac{7}{9}-\frac{1}{4}$

④ $\frac{3}{8}-\frac{1}{3}$

⑤ $\frac{5}{8}-\frac{3}{10}$

⑥ $\frac{5}{9}-\frac{5}{12}$

⑦ $\frac{5}{8}-\frac{4}{9}$

⑧ $\frac{7}{10}-\frac{3}{7}$

3 計算をしましょう。

① $\frac{1}{2}-\frac{1}{4}$

② $\frac{3}{10}-\frac{1}{4}$

③ $\frac{9}{10}-\frac{1}{3}$

④ $\frac{3}{7}-\frac{1}{3}$

⑤ $\frac{11}{12}-\frac{1}{9}$

⑥ $\frac{2}{3}-\frac{5}{18}$

⑦ $\frac{2}{5}-\frac{1}{4}$

⑧ $\frac{7}{8}-\frac{2}{7}$

⑨ $\frac{3}{8}-\frac{1}{4}$

⑩ $\frac{3}{4}-\frac{9}{14}$

うんこ文章題にチャレンジ！ 4

父がうんこを積み上げています。高さ $\frac{3}{4}$ m になったところで，仕事の電話に出ました。

その間に，$\frac{3}{5}$ m くずれ落ちてしまいました。

うんこの高さは何 m になりましたか。

式

分数のたし算②

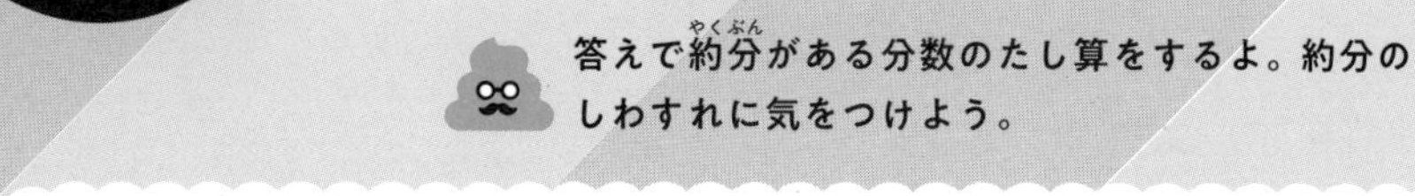

今日のせいせき
まちがいが

0~2こ よくできたね！

3~5こ できたね
6こ~ がんばれ

答えで約分(やくぶん)がある分数のたし算をするよ。約分のしわすれに気をつけよう。

1 $\frac{1}{2}+\frac{5}{6}$の計算のしかたを考えます。

$\frac{1}{2}+\frac{5}{6}=\frac{3}{6}+\frac{5}{6}$ ……通分(つうぶん)する。

$=\frac{\cancel{8}^{4}}{{}_{3}\cancel{6}}$ ……約分(やくぶん)する。

$=\frac{4}{3}\left(1\frac{1}{3}\right)$

答えが約分できるときは，約分する。

2 計算をしましょう。

① $\frac{7}{10}+\frac{1}{2}$

② $\frac{1}{6}+\frac{3}{10}$

③ $\frac{3}{20}+\frac{1}{4}$

④ $\frac{1}{4}+\frac{5}{12}$

⑤ $\frac{11}{12}+\frac{1}{3}$

⑥ $\frac{5}{6}+\frac{5}{12}$

⑦ $\frac{5}{18}+\frac{5}{6}$

⑧ $\frac{3}{8}+\frac{5}{24}$

3 計算をしましょう。

① $\frac{1}{6}+\frac{1}{2}$

② $\frac{3}{10}+\frac{1}{2}$

③ $\frac{1}{18}+\frac{1}{9}$

④ $\frac{9}{10}+\frac{3}{5}$

⑤ $\frac{2}{3}+\frac{1}{12}$

⑥ $\frac{3}{4}+\frac{11}{20}$

⑦ $\frac{5}{6}+\frac{1}{10}$

⑧ $\frac{1}{12}+\frac{3}{4}$

⑨ $\frac{13}{15}+\frac{4}{5}$

⑩ $\frac{7}{12}+\frac{1}{6}$

うんこ文章題にチャレンジ！ 5

校長先生の家から東に $\frac{1}{4}$ km のところにインドゾウのうんこを，西に $\frac{11}{12}$ km のところにシロサイのうんこを置きました。

インドゾウのうんこからシロサイのうんこまでは何 km ですか。

式

答え ＿＿＿＿＿＿＿＿

分数のひき算②

答えで約分(やくぶん)がある分数のひき算をするよ。
約分のしわすれに気をつけよう。

1 $\frac{2}{3}-\frac{5}{12}$の計算のしかたを考えます。

$\frac{2}{3}-\frac{5}{12}=\frac{8}{12}-\frac{5}{12}$ ……… 通分(つうぶん)する。

$=\frac{\cancel{3}^{1}}{{}_{4}\cancel{12}}$ ……… 約分(やくぶん)する。

$=\frac{1}{4}$

答えが約分できるときは，約分する。

2 計算をしましょう。

① $\frac{3}{4}-\frac{7}{12}$

② $\frac{5}{12}-\frac{1}{6}$

③ $\frac{7}{20}-\frac{1}{4}$

④ $\frac{2}{3}-\frac{1}{15}$

⑤ $\frac{9}{10}-\frac{1}{6}$

⑥ $\frac{1}{2}-\frac{1}{10}$

⑦ $\frac{1}{4}-\frac{1}{20}$

⑧ $\frac{3}{5}-\frac{1}{10}$

3 計算をしましょう。

① $\frac{4}{5}-\frac{3}{10}$

② $\frac{11}{12}-\frac{1}{6}$

③ $\frac{3}{4}-\frac{5}{12}$

④ $\frac{11}{12}-\frac{2}{3}$

⑤ $\frac{9}{20}-\frac{1}{4}$

⑥ $\frac{2}{3}-\frac{1}{6}$

⑦ $\frac{9}{10}-\frac{5}{6}$

⑧ $\frac{8}{9}-\frac{7}{18}$

⑨ $\frac{7}{10}-\frac{1}{2}$

⑩ $\frac{3}{4}-\frac{1}{20}$

うんこ文章題にチャレンジ！ 6

うんこを粉末状(ふんまつじょう)にした「うんこパウダー」を $\frac{3}{4}$ g もらいました。入れ物のふたを開けたとたん，風で $\frac{1}{12}$ g 飛んでいってしまいました。

残ったうんこパウダーは何 g ですか。

式

＿＿＿＿＿＿＿＿

16 帯分数のたし算

今日のせいせき
まちがいが

0~2こ よくできたね！

3~5こ できたね

6こ~ がんばれ

帯分数のたし算は，4年生で習ったね。5年生では分母がちがう帯分数のたし算をするよ。

1 $2\frac{2}{5}+3\frac{1}{3}$ の計算のしかたを考えます。

通分して，整数部分と分数部分に分けて計算する。

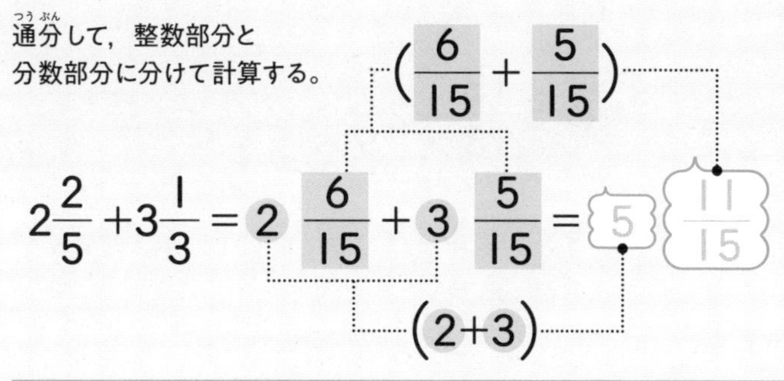

$\left(\frac{6}{15}+\frac{5}{15}\right)$
$2\frac{2}{5}+3\frac{1}{3}=2\frac{6}{15}+3\frac{5}{15}=5\frac{11}{15}$
$(2+3)$

$$2\frac{2}{5}+3\frac{1}{3}=\frac{12}{5}+\frac{10}{3}=\frac{36}{15}+\frac{50}{15}=\frac{86}{15}\left(5\frac{11}{15}\right)$$

仮分数に直して計算することもできるぞい。

2 計算をしましょう。

① $1\frac{4}{9}+2\frac{1}{4}$

② $1\frac{1}{10}+4\frac{2}{3}$

③ $2\frac{3}{5}+\frac{3}{20}$

④ $3\frac{1}{3}+2\frac{5}{12}$

⑤ $1\frac{7}{12}+3\frac{1}{4}$

⑥ $2\frac{1}{10}+\frac{3}{4}$

⑦ $4\frac{7}{18}+\frac{1}{6}$

⑧ $\frac{2}{15}+1\frac{2}{9}$

3 計算をしましょう。

① $\frac{3}{4}+1\frac{1}{5}$

② $\frac{7}{10}+2\frac{1}{6}$

③ $1\frac{7}{18}+3\frac{5}{9}$

④ $3\frac{3}{20}+\frac{3}{4}$

⑤ $1\frac{3}{4}+4\frac{7}{9}$

⑥ $5\frac{13}{18}+2\frac{7}{9}$

テストに出るうんこ

「うんこを狩る者たち」
うんこハンター名鑑
ワールド編
9

王皓
「心を無にして、うんこの息吹を聞けばいいだけだ。」

中国が誇る最強うんこハンター。「王皓がその気になれば，この惑星にある全てのうんこが2時間でハントされてしまうだろう」と言われるほど，その能力の高さは桁違いであり，もはや絶対的な存在としてうんこハンティング界に君臨している。

帯分数のひき算

今日のせいせき
まちがいが
0~2こ よくできたね！
3~5こ できたね
6こ~ がんばれ

分母のちがう帯分数のひき算をするよ。まずは通分。

1 $5\frac{3}{4}-2\frac{1}{3}$の計算のしかたを考えます。

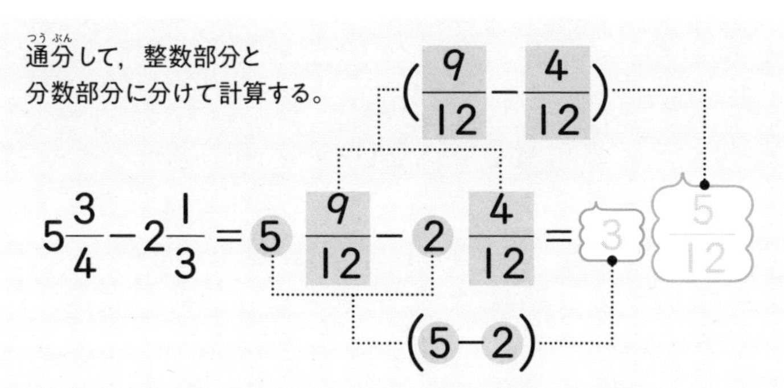

$5\frac{3}{4}-2\frac{1}{3}=\frac{23}{4}-\frac{7}{3}=\frac{69}{12}-\frac{28}{12}=\frac{41}{12}\left(3\frac{5}{12}\right)$

仮分数に直して
計算することも
できるぞい。

2 計算をしましょう。

① $3\frac{3}{5}-1\frac{1}{3}$

② $4\frac{5}{6}-2\frac{3}{4}$

③ $4\frac{11}{12}-1\frac{2}{3}$

④ $2\frac{3}{4}-2\frac{2}{7}$

⑤ $5\frac{5}{9}-3\frac{7}{15}$

⑥ $3\frac{1}{8}-\frac{1}{24}$

⑦ $1\frac{3}{8}-1\frac{1}{10}$

⑧ $2\frac{5}{6}-\frac{1}{12}$

 計算をしましょう。

① $3\frac{7}{8}-1\frac{3}{4}$

② $6\frac{1}{2}-\frac{1}{18}$

③ $2\frac{1}{3}-\frac{1}{15}$

④ $5\frac{5}{8}-3\frac{7}{24}$

⑤ $4\frac{11}{15}-1\frac{4}{5}$

⑥ $3\frac{1}{10}-1\frac{3}{20}$

テストに出るうんこ

「うんこを狩る者たち」うんこハンター名鑑

ワールド編

10

今から2年前，世界を震撼させる事件が起きた。ジェイムス，スカーレット，王皓というトップうんこハンター３人が，ある１人のうんこハンターに敗れたのだ。その名も「ジ・エンペラー」。国籍も年齢も性別も不明。敗れた３人は口をそろえてこう言った。「やつは，人間じゃなかった」――。いったい，「ジ・エンペラー」とは何者なのだろうか！？

18

分数と小数の混じった計算

今日のせいせき
まちがいが

0~2こ よくできたね!

3~5こ できたね

6こ~ がんばれ

分数と小数の混じった計算は，分数か小数どちらかにそろえて計算するよ。

1 $\frac{3}{5}+0.7$の計算のしかたを考えます。

分数と小数の混じった計算は，どちらかにそろえて計算するが，分数を正確(せいかく)な小数に直せないときは，分数にそろえて計算する。

方法 1 小数を分数に直す。

$$\frac{3}{5}+0.7=\frac{3}{5}+\frac{7}{10}$$
$$=\frac{6}{10}+\frac{7}{10}=\frac{13}{10}\left(1\frac{3}{10}\right)$$

方法 2 分数を小数に直す。

$$\frac{3}{5}+0.7=0.6+0.7=1.3$$

3÷5

2 計算をしましょう。

① $\frac{2}{3}+0.3$

② $0.7+\frac{3}{4}$

③ $0.9+\frac{1}{2}$

④ $0.4+\frac{3}{5}$

⑤ $\frac{1}{5}+0.25$

⑥ $0.6-\frac{1}{4}$

⑦ $0.6-\frac{2}{5}$

⑧ $\frac{4}{7}-0.5$

3 計算をしましょう。

① $0.2+\frac{3}{8}$

② $\frac{2}{9}+0.1$

③ $\frac{2}{5}+0.5$

④ $\frac{3}{10}+0.18$

⑤ $0.6+\frac{7}{8}$

⑥ $\frac{3}{8}-0.35$

⑦ $0.4-\frac{1}{4}$

⑧ $\frac{3}{5}-0.3$

⑨ $0.7-\frac{1}{2}$

⑩ $\frac{4}{5}-0.75$

19 かくにんテスト 2

点

今日のせいせき

まちがいが

0~2こ よくできたね！

3~5こ できたね

6こ~ がんばれ

1 約分しましょう。

〈1つ4点〉

① $\frac{3}{18}$

② $\frac{18}{27}$

③ $\frac{24}{36}$

④ $\frac{27}{54}$

⑤ $\frac{16}{28}$

⑥ $\frac{30}{45}$

2 （ ）の中の分数を通分しましょう。

〈1つ4点〉

① $\left(\frac{3}{8}, \frac{5}{6}\right)$

② $\left(\frac{3}{4}, \frac{7}{12}\right)$

③ $\left(\frac{1}{5}, \frac{2}{3}\right)$

④ $\left(\frac{1}{12}, \frac{1}{16}\right)$

⑤ $\left(\frac{5}{12}, \frac{3}{8}\right)$

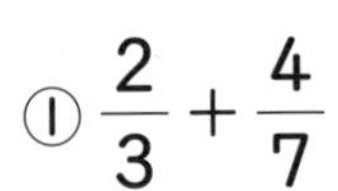

計算をしましょう。

〈1つ4点〉

① $\frac{2}{3}+\frac{4}{7}$

② $\frac{5}{6}+\frac{7}{12}$

③ $\frac{1}{6}+\frac{3}{22}$

④ $1\frac{1}{12}+2\frac{1}{3}$

⑤ $\frac{2}{5}-\frac{1}{3}$

⑥ $\frac{1}{6}-\frac{1}{10}$

⑦ $\frac{3}{8}-\frac{1}{12}$

⑧ $3\frac{1}{5}-1\frac{2}{15}$

⑨ $\frac{5}{6}+0.5$

⑩ $0.95-\frac{3}{4}$

次のうんこハンターの正しい名前をそれぞれ選んで，線で結びましょう。

〈全部できて16点〉

ハインリヒ　　エミリオ・カマーチョ　　王皓（おうこう）

まとめテスト

5年生の分数

今日のせいせき
まちがいが

0~2こ よくできたね！
3~5こ できたね
6こ~ がんばれ

点

1 10と16の公倍数を小さいほうから順に3つと，最小公倍数を答えましょう。 〈全部できて4点〉

公倍数

最小公倍数

2 18と48の公約数全部と，最大公約数を答えましょう。 〈全部できて4点〉

公約数

最大公約数

3 □にあてはまる数を書きましょう。 〈1つ4点〉

① $7 \div 4 = \frac{\square}{\square}$　② $6 \div 13 = \frac{\square}{\square}$

③ $\frac{3}{11} = \square \div \square$　④ $\frac{8}{5} = \square \div \square$

4 小数や整数を分数で表しましょう。
整数は1を分母とする分数で表しましょう。 〈1つ4点〉

① 1.53　② 0.09　③ 4

5 分数を小数か整数で表しましょう。 〈1つ4点〉

① $\frac{10}{5}$　② $1\frac{1}{4}$

6 計算をしましょう。

〈1つ4点〉

① $\frac{3}{4}+\frac{8}{9}$

② $\frac{1}{6}+\frac{5}{18}$

③ $1\frac{3}{10}+2\frac{5}{6}$

④ $0.4+\frac{1}{6}$

⑤ $\frac{5}{7}-\frac{3}{14}$

⑥ $\frac{8}{15}-\frac{1}{3}$

⑦ $3\frac{3}{4}-1\frac{3}{10}$

⑧ $\frac{4}{5}-0.5$

7 次のうんこハンターのうち，第30回世界うんこハント大会決勝で戦っていないのはだれですか。

〈24点〉

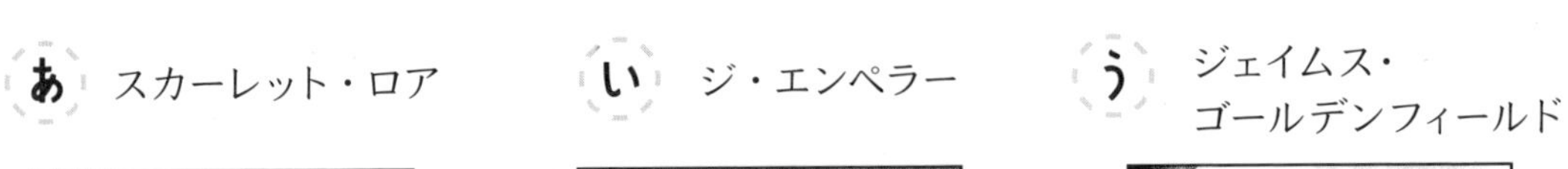

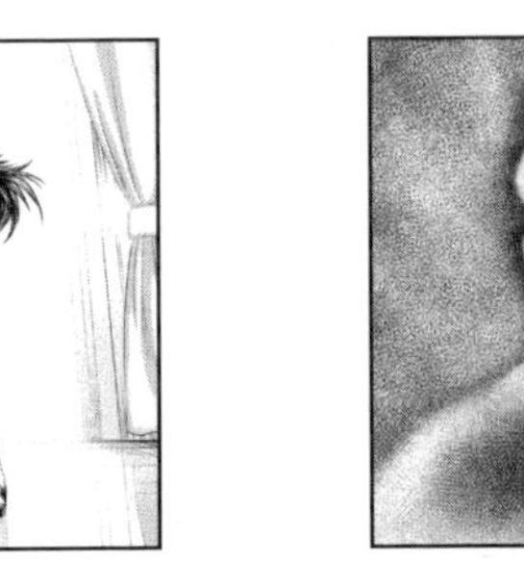

答え

1ページ

4年生で習った分数の計算

今日のせいせき まちがいが 0~2こ よくできたね! 3~5こ できたね 6こ~ がんばれ

4年生で習った分数のたし算とひき算の復習をするよ。分母が同じ計算はカンペキにしておこう。

1 計算をしましょう。

分母はそのままで、分子どうしを計算するのじゃ。

① $\frac{2}{3}+\frac{2}{3}=\frac{4}{3}\left(1\frac{1}{3}\right)$　② $\frac{5}{7}-\frac{2}{7}=\frac{3}{7}$

③ $\frac{8}{9}+\frac{5}{9}=\frac{13}{9}\left(1\frac{4}{9}\right)$　④ $\frac{9}{5}-\frac{4}{5}=\frac{5}{5}=1$

⑤ $\frac{1}{6}+\frac{5}{6}=\frac{6}{6}=1$　⑥ $\frac{7}{11}+\frac{5}{11}=\frac{12}{11}\left(1\frac{1}{11}\right)$

⑦ $\frac{3}{4}+\frac{5}{4}=\frac{8}{4}=2$　⑧ $\frac{13}{10}-\frac{3}{10}=\frac{10}{10}=1$

⑨ $\frac{10}{8}-\frac{5}{8}=\frac{5}{8}$　⑩ $\frac{5}{7}+\frac{6}{7}=\frac{11}{7}\left(1\frac{4}{7}\right)$

⑪ $\frac{10}{9}-\frac{3}{9}=\frac{7}{9}$　⑫ $\frac{10}{4}-\frac{3}{4}=\frac{7}{4}\left(1\frac{3}{4}\right)$

1

2ページ

2 計算をしましょう。

① $1\frac{5}{6}+2\frac{1}{6}=3\frac{6}{6}=4$　② $2\frac{3}{5}-1\frac{1}{5}=1\frac{2}{5}$

③ $2\frac{2}{3}+2\frac{1}{3}=4\frac{3}{3}=5$　④ $3\frac{1}{3}-1\frac{2}{3}=2\frac{4}{3}-1\frac{2}{3}=1\frac{2}{3}$

⑤ $2\frac{5}{9}+1\frac{8}{9}=3\frac{13}{9}=4\frac{4}{9}$　⑥ $3\frac{5}{11}-3\frac{2}{11}=\frac{3}{11}$

テストに出るうんこ

「うんこを狩る者たち」うんこハンター名鑑 ワールド編 1

ジェイムス・ゴールデンフィールド

「ヘイ、ボーイ！ うんこは狩るもんさ!! もらうもんじゃない！」

「うんこハンティング」のジャンルを世界的に有名にした立役者であり、うんこハンターの代名詞的存在。一流サッカー選手やロックスター級の人気をほこる。ルックス、実力、カリスマ性、すべてを兼ね備えたまさに「スター」である。

3ページ

公倍数・最小公倍数①

今日のせいせき まちがいが 0~2こ よくできたね! 3~5こ できたね 6こ~ がんばれ

公倍数や最小公倍数は分母がちがう分数のたし算やひき算で使うよ。しっかり練習しよう。

1 2と3の公倍数を小さいほうから順に3つと，最小公倍数の求め方を考えます。

2と3の共通な倍数を2と3の公倍数という。
また，公倍数のうちで，いちばん小さい数を，最小公倍数という。

2の倍数は，2，4，6，8，10，12，14，16，18，20，…
3の倍数は，3，6，9，12，15，18，21，…
2と3の公倍数は，6，12，18，…
2と3の最小公倍数は，6

公倍数は，最小公倍数の倍数になっているのじゃ。

6，12，18（×2，×3）
最小公倍数

2 1～30までの整数で，3と4の公倍数と最小公倍数を，①～④の順に考えて答えましょう。

① 3の倍数を全部答えましょう。

3, 6, 9, 12, 15, 18, 21, 24, 27, 30

② 4の倍数を全部答えましょう。

4, 8, 12, 16, 20, 24, 28

③ 3と4の公倍数を全部答えましょう。

12, 24

④ 3と4の最小公倍数を答えましょう。

12

3

4ページ

3 ( )の中の数の公倍数を小さいほうから順に3つと，最小公倍数を答えましょう。

① (4, 6)
公倍数 12, 24, 36
最小公倍数 12

② (5, 10)
公倍数 10, 20, 30
最小公倍数 10

③ (7, 3)
公倍数 21, 42, 63
最小公倍数 21

④ (8, 10)
公倍数 40, 80, 120
最小公倍数 40

テストに出るうんこ

「うんこを狩る者たち」うんこハンター名鑑 ワールド編 2

ナサホディカ・ウポル

南太平洋の小国サモアに住むうんこハンター。カンガルーやコアラの他，クロコダイルやホオジロザメなど危険生物のうんこをハントすることも。性格はおだやかだが，彼のうんこハンティングの邪魔をすれば，ただではすまされないだろう。

答え

5ページ

公倍数・最小公倍数②

今日のせいせき まちがいが
0~2こ よくできたね!
3~5こ できたね
6こ~ がんばれ

公倍数は，最小公倍数の倍数になっているね。だから，公倍数は，まず，最小公倍数を求めて考えるといいね。

1 2と3の公倍数を小さいほうから順に3つと，最小公倍数の求め方を考えます。

・2と3の公倍数は，最小公倍数を2倍，3倍，…すると求められる。
・最小公倍数は，大きいほうの数3の倍数を小さいほうから順に求めて，小さいほうの数2でわって見つける。

●3の倍数は，3，6，9，…
この中で2でわって
最初にわり切れる［6］が
最小公倍数。（6÷2=3）

●2と3の公倍数は，
6×1=［6］，（最小公倍数）
6×2=［12］，
6×3=［18］，…

2 4と10の公倍数を小さいほうから順に3つと最小公倍数を，①～③の順に考えて答えましょう。

① 10の倍数を順に［ ］に書きましょう。
10，［20］，［30］，…

② ①で求めた数を4でわって，4と10の最小公倍数を答えましょう。
20

③ ②で求めた最小公倍数を使って，公倍数を3つ求めましょう。
（最小公倍数）
［20］×1=［20］，［20］×2=［40］，［20］×3=［60］

7ページ

4 公倍数・最小公倍数③

今日のせいせき まちがいが
0~2こ よくできたね!
3~5こ できたね
6こ~ がんばれ

3つの数の公倍数や最小公倍数も求められるようになろう。

1 2と4と5の公倍数を小さいほうから順に3つと，最小公倍数の求め方を考えます。

●いちばん大きい数5の倍数は，
5，10，15，20，25，…
この中で4でも2でもわり切れる
最初の数［20］が最小公倍数。（20÷4=5，20÷2=10）

●2と4と5の公倍数は，
20×1=［20］，
20×2=［40］，
20×3=［60］，…

求め方は2つの数のときと同じじゃぞ。

2 3と4と6の公倍数を小さいほうから順に3つと最小公倍数を，①～③の順に考えて答えましょう。

① 6の倍数を順に［ ］に書きましょう。
6，［12］，［18］，…

② ①で求めた数を4と3でわって，3と4と6の最小公倍数を答えましょう。
12

③ ②で求めた最小公倍数を使って，公倍数を3つ求めましょう。
（最小公倍数）
［12］×1=［12］，［12］×2=［24］，［12］×3=［36］

6ページ

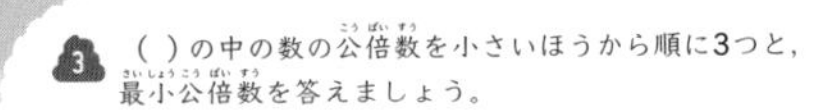

3 ( )の中の数の公倍数を小さいほうから順に3つと，最小公倍数を答えましょう。

① (6，8)
公倍数 24，48，72
最小公倍数 24

② (5，7)
公倍数 35，70，105
最小公倍数 35

③ (4，12)
公倍数 12，24，36
最小公倍数 12

④ (8，12)
公倍数 24，48，72
最小公倍数 24

体重計が2台あります。重さ3kgのうんこと，重さ5kgのうんこをそれぞれの体重計に乗せていきます。
最初に重さが等しくなるのは，何kgのときですか。

3と5の
最小公倍数は15

答え 15kg

8ページ

3 ( )の中の数の公倍数を小さいほうから順に3つと，最小公倍数を答えましょう。

① (2，3，5)
公倍数 30，60，90
最小公倍数 30

② (5，8，10)
公倍数 40，80，120
最小公倍数 40

③ (4，6，8)
公倍数 24，48，72
最小公倍数 24

④ (3，4，12)
公倍数 12，24，36
最小公倍数 12

黄兄弟
「兄者，あそこにうんこが55個。」
「いや弟よ。56個だ。」

香港出身の双子うんこハンター。「黄式十道具」と呼ばれる独自の機械と，圧倒的なコンビネーションからくり出される多彩な技で，世界中のうんこを狩りまくる。彼らが「日本のうんこ」を次のターゲットにしたという噂もあるが，果たして…。

9ページ

公約数・最大公約数①

今日のせいせき まちがいが
0~2こ よくできたね!
3~5こ できたね
6こ~ がんばれ

公約数や最大公約数は，分母がちがう分数のたし算とひき算で使うよ。しっかり練習しよう。

1 8と12の公約数全部と，最大公約数の求め方を考えます。

8と12の共通な約数を8と12の**公約数**という。
また，公約数のうちで，いちばん大きい数を，**最大公約数**という。

8の約数は，　1，2，　4，　8
12の約数は，　1，2，3，4，6，12
8と12の公約数は，　1，2，　4
8と12の最大公約数は，　4

公約数は，最大公約数の約数になっているぞい。

4の約数は，（最大公約数）
1，2，4，

2 18と30の公約数全部と最大公約数を，①~④の順に考えて答えましょう。

① 18の約数を全部答えましょう。
1，2，3，6，9，18

② 30の約数を全部答えましょう。
1，2，3，5，6，10，15，30

③ 18と30の公約数を全部答えましょう。
1，2，3，6

④ 18と30の最大公約数を答えましょう。
6

9

11ページ

公約数・最大公約数②

今日のせいせき まちがいが
0~2こ よくできたね!
3~5こ できたね
6こ~ がんばれ

公約数と最大公約数の求め方をマスターしよう。

1 24と32の公約数全部と最大公約数の求め方を考えます。

・まず，小さいほうの数24の約数を全部求める。
・次に，大きいほうの数32を24の約数でわって，公約数を求める。

● 24の約数は，
1，2，3，4，6，8，12，24

● 24の約数のうち，32をわってわり切ることができるのは
1，　2，　4，　8
32÷1=32　32÷2=16　32÷4=8　32÷8=4

● 24と32の公約数は，
1，2，4，8
最大公約数は，8

公約数は，最大公約数の約数になっているか確かめるのじゃ。最大公約数8の約数は1，2，4，8じゃぞ。

2 16と40の公約数全部と最大公約数を，①~③の順に考えて答えましょう。

① 16の約数を全部答えましょう。
1，2，4，8，16

② 40を①で求めた約数でわって，16と40の公約数を全部答えましょう。
1，2，4，8

③ 16と40の最大公約数を答えましょう。
8

11

10ページ

3 （ ）の中の数の公約数全部と，最大公約数を答えましょう。

① (7，13)
公約数　1
最大公約数　1

② (12，16)
公約数　1，2，4
最大公約数　4

③ (5，15)
公約数　1，5
最大公約数　5

④ (18，27)
公約数　1，3，9
最大公約数　9

テストに出るうんこ
「うんこを狩る者たち」うんこハンター名鑑
ワールド編
4

リッキー・サービスJr.

「テキサスの荒牛」の異名を持つ，パワフルなうんこハンター。常に笑顔を絶やさず，ジョークを飛ばしながらうんこをハントする姿に，根強いファンが多い。レギュラー番組「リッキーのサタデーうんこショー」も人気。

12ページ

3 （ ）の中の数の公約数全部と，最大公約数を答えましょう。

① (14，35)
公約数　1，7
最大公約数　7

② (8，16)
公約数　1，2，4，8
最大公約数　8

③ (20，28)
公約数　1，2，4
最大公約数　4

④ (32，56)
公約数　1，2，4，8
最大公約数　8

うんこ文章題にチャレンジ! 2

1目もりが1cmの長方形の形をした方眼うんこがあります。たて18cm，横10cmです。これを目もりの線にそって切り，うんこのあまりがでないように，同じ大きさの正方形うんこを作ります。できるだけ大きな正方形うんこに分けるには，1辺を何cmにすればよいですか。

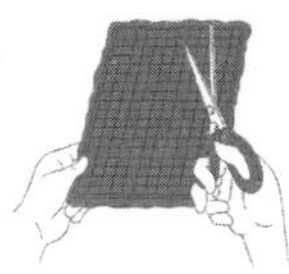

18と10の最大公約数は2

答え　2cm

12

答え

13ページ

公約数・最大公約数③

3つの数の公約数や最大公約数も求められるようになろう。

今日のせいせき まちがいが
0-2こ よくできたね!
3-5こ できたね
6こ- がんばれ

1 4と6と12の公約数全部と，最大公約数の求め方を考えます。

- いちばん小さい数4の約数は，1，2，4
- 4の約数のうち，残りの6と12をわって，わり切ることができるのは，

1，（6÷1=6，12÷1=12）　2（6÷2=3，12÷2=6）

4と6と12の公約数は，1，2

- 4と6と12の最大公約数は，2

求め方は2つの数のときと同じじゃぞ。

2 8と10と12の公約数全部と最大公約数を，①～③の順に考えて答えましょう。

① 8の約数を全部答えましょう。

1，2，4，8

② 10と12を①で求めた約数でわって，8と10と12の公約数を全部答えましょう。

1，2

③ 8と10と12の最大公約数を答えましょう。

2

13

15ページ

8 分数と小数，整数の関係

わり算の商を分数で表したり，小数や整数を分数で表したりするよ。

今日のせいせき まちがいが
0-2こ よくできたね!
3-5こ できたね
6こ- がんばれ

1 5÷7の商を分数で表すことを考えます。

わり算の商は，分数で表すことができる。　$■÷● = \frac{■}{●}$　$5÷7=\frac{5}{7}$

2 0.19や5を分数で表すことを考えます。

- 小数は10，100などを分母とする分数で表すことができる。　$0.01=\frac{1}{100}$ だから，$0.19=\frac{19}{100}$

- 整数は，1などを分母とする分数で表すことができる。　$5=\frac{5}{1}$

3 わり算の商を分数で表しましょう。

① $5÷9=\frac{5}{9}$　② $7÷11=\frac{7}{11}$

③ $10÷3=\frac{10}{3}\left(3\frac{1}{3}\right)$　④ $13÷4=\frac{13}{4}\left(3\frac{1}{4}\right)$

4 小数や整数を分数で表しましょう。整数は1を分母とする分数で表しましょう。

① 0.9 $\frac{9}{10}$　② 1.03 $\frac{103}{100}\left(1\frac{3}{100}\right)$　③ 18 $\frac{18}{1}$

15

14ページ

3 （ ）の中の数の公約数全部と，最大公約数を答えましょう。

① （16，20，32）
公約数 1，2，4
最大公約数 4

② （3，5，7）
公約数 1
最大公約数 1

③ （15，20，30）
公約数 1，5
最大公約数 5

④ （12，18，30）
公約数 1，2，3，6
最大公約数 6

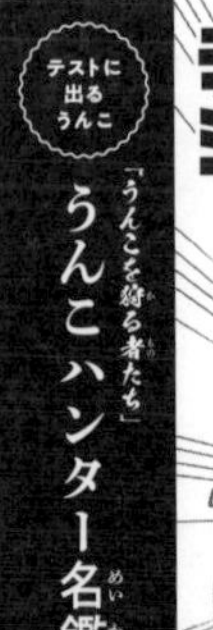

元キックボクサーという異色の経歴の持ち主。本人いわく「おれの足はそれ自体が生き物なんだ」と表すほどの変幻自在の足技を駆使し，うんこを狩る。必殺技は，大蛇のうんこをハントした時に編み出した秘技「ゴッド・スネーク・ダンス」。

16ページ

5 □にあてはまる数を書きましょう。

① $7÷9=\frac{7}{9}$　② $\frac{11}{8}=11÷8$

6 分数を小数か整数で表しましょう。

① $\frac{11}{5}=11÷5=2.2$　② $\frac{1}{4}=1÷4=0.25$　③ $\frac{6}{2}=6÷2=3$

7 数の大きさを比べて，□にあてはまる不等号を書きましょう。

① $0.6 < \frac{4}{5}$　② $1.8 > \frac{7}{4}$

テストに出るうんこ
「うんこを狩る者たち」うんこハンター名鑑
ワールド編
6
スカーレット・ロア
「まだわかってないのね。うんこに男も女もありゃしないわよ!!」

うんこハンティング界で「女帝」の名で恐れられている美形うんこハンター。顔に似合わず負けずぎらいであり，第30回世界うんこハント大会決勝でジェイムスと78時間にわたってくり広げた死闘は伝説となっている。

答え

17ページ

9 かくにんテスト 1

今日のせいせき まちがいが 0-2こ よくできたね! 3-5こ できたね 6こ～ がんばれ

点

1 (　)の中の数の公倍数を小さいほうから3つと，最小公倍数を求めましょう。（全部できて1つ5点）

① (7, 14)　公倍数 14, 28, 42　最小公倍数 14

② (6, 9)　公倍数 18, 36, 54　最小公倍数 18

③ (5, 9)　公倍数 45, 90, 135　最小公倍数 45

④ (8, 10, 16)　公倍数 80, 160, 240　最小公倍数 80

2 (　)の中の数の公約数全部と，最大公約数を求めましょう。（全部できて1つ5点）

① (3, 9)　公約数 1, 3　最大公約数 3

② (10, 12)　公約数 1, 2　最大公約数 2

③ (20, 30)　公約数 1, 2, 5, 10　最大公約数 10

④ (24, 36, 42)　公約数 1, 2, 3, 6　最大公約数 6

17

19ページ

10 約分

今日のせいせき まちがいが 0-2こ よくできたね! 3-5こ できたね 6こ～ がんばれ

分数の分母と分子を同じ数でわっても，分数の大きさは変わらないね。約分では，このことを使うよ。

1 $\frac{20}{24}$を約分するしかたを考えます。

分母と分子を，それらの公約数でわって，分母の小さい分数にすることを約分するという。

分母と分子を公約数でわれなくなるまでわる。

$\frac{20}{24}=\frac{5}{6}$（20→10→5，24→12→6）　24と20を2でわってから，さらに2でわる。

分母と分子を最大公約数でわる。

$\frac{20}{24}=\frac{5}{6}$（20→5，24→6）　24と20の最大公約数の4でわる。

2 約分しましょう。

① $\frac{5}{15}=\frac{1}{3}$　② $\frac{4}{16}=\frac{1}{4}$

③ $\frac{18}{45}=\frac{2}{5}$　④ $\frac{4}{18}=\frac{2}{9}$

⑤ $\frac{3}{15}=\frac{1}{5}$　⑥ $\frac{6}{42}=\frac{1}{7}$

⑦ $\frac{8}{64}=\frac{1}{8}$　⑧ $\frac{12}{32}=\frac{3}{8}$

⑨ $\frac{24}{30}=\frac{4}{5}$　⑩ $\frac{7}{63}=\frac{1}{9}$

19

18ページ

3 □にあてはまる数を書きましょう。（1つ5点）

① $6\div13=\frac{6}{13}$　② $14\div9=\frac{14}{9}$

③ $\frac{2}{9}=2\div9$　④ $\frac{7}{6}=7\div6$

4 小数や整数を分数で表しましょう。整数は1を分母とする分数で表しましょう。（1つ5点）

① 0.7　$\frac{7}{10}$

② 2.37　$\frac{237}{100}$ $\left(2\frac{37}{100}\right)$

③ 7　$\frac{7}{1}$

5 分数を小数か整数で表しましょう。（1つ5点）

① $\frac{5}{8}=5\div8=0.625$

② $\frac{3}{4}=3\div4=0.75$

③ $\frac{9}{3}=9\div3=3$

6 次のうち，「うんこハンティング」を世界的に有名にしたうんこハンターはだれですか。（10点）

あ　い　う

18

20ページ

3 約分しましょう。

① $\frac{12}{18}=\frac{2}{3}$　② $\frac{9}{12}=\frac{3}{4}$

③ $\frac{15}{25}=\frac{3}{5}$　④ $\frac{21}{28}=\frac{3}{4}$

⑤ $\frac{32}{40}=\frac{4}{5}$　⑥ $\frac{3}{21}=\frac{1}{7}$

⑦ $\frac{8}{16}=\frac{1}{2}$　⑧ $\frac{16}{40}=\frac{2}{5}$

⑨ $\frac{16}{72}=\frac{2}{9}$　⑩ $\frac{9}{54}=\frac{1}{6}$

テストに出るうんこ

「うんこを狩る者たち」うんこハンター名鑑 ワールド編 7

エミリオ・カマーチョ

「うひひひ。おれも
捕まえられないやつらに、
うんこなんて
狩れないよねぇ～」

明るい笑顔とは裏腹に，うんこを狩るためならどんな残虐な手を使うこともいとわない，悪のうんこハンター。国際うんこハント連盟から指名手配されているが，戦闘能力も極めて高いため，いまだ捕まっていない。

答え

21ページ

通分

今日のせいせき まちがいが 0~2こ よくできたね! 3~5こ できたね 6こ~ がんばれ

分数の分母と分子に同じ数をかけても分数の大きさは変わらないね。通分はこのことを使うよ。

1 $\frac{5}{6}$と$\frac{7}{8}$を通分するしかたを考えます。

分母がちがういくつかの分数を，分母が同じ分数に直すことを通分するという。

分母の最小公倍数を共通な分母にする。6と8の最小公倍数は24

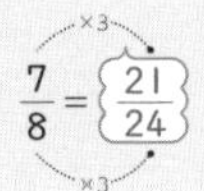

$\frac{5}{6}=\frac{20}{24}$（×4）　$\frac{7}{8}=\frac{21}{24}$（×3）

$\left(\frac{5}{6}, \frac{7}{8}\right)$を通分すると，$\left(\frac{20}{24}, \frac{21}{24}\right)$

2 （ ）の中の分数を通分しましょう。

① $\left(\frac{3}{4}, \frac{5}{6}\right)$　4と6の最小公倍数は 12

通分すると$\left(\frac{9}{12}, \frac{10}{12}\right)$

② $\left(\frac{1}{2}, \frac{3}{4}\right)$　$\left(\frac{2}{4}, \frac{3}{4}\right)$

③ $\left(\frac{3}{5}, \frac{4}{7}\right)$　$\left(\frac{21}{35}, \frac{20}{35}\right)$

④ $\left(\frac{3}{10}, \frac{1}{8}\right)$　$\left(\frac{12}{40}, \frac{5}{40}\right)$

21

23ページ

12 分数のたし算①

今日のせいせき まちがいが 0~2こ よくできたね! 3~5こ できたね 6こ~ がんばれ

分母のちがう分数のたし算は，分母を同じにすればできるね。やってみよう。

1 $\frac{2}{3}+\frac{1}{4}$の計算のしかたを考えます。

分母のちがう分数のたし算は，通分してから計算する。

$\frac{2}{3}+\frac{1}{4}=\frac{8}{12}+\frac{3}{12}$ ← 通分する。

$=\frac{11}{12}$

分母が同じになったら，分母はそのままで，分子だけたせばいいのじゃ。

2 計算をしましょう。

① $\frac{1}{2}+\frac{1}{3}=\frac{3}{6}+\frac{2}{6}=\frac{5}{6}$

② $\frac{3}{4}+\frac{1}{6}=\frac{9}{12}+\frac{2}{12}=\frac{11}{12}$

③ $\frac{5}{8}+\frac{1}{4}=\frac{5}{8}+\frac{2}{8}=\frac{7}{8}$

④ $\frac{3}{7}+\frac{1}{6}=\frac{18}{42}+\frac{7}{42}=\frac{25}{42}$

⑤ $\frac{3}{16}+\frac{1}{2}=\frac{3}{16}+\frac{8}{16}=\frac{11}{16}$

⑥ $\frac{3}{8}+\frac{7}{9}=\frac{27}{72}+\frac{56}{72}=\frac{83}{72}\left(1\frac{11}{72}\right)$

⑦ $\frac{5}{14}+\frac{5}{7}=\frac{5}{14}+\frac{10}{14}=\frac{15}{14}\left(1\frac{1}{14}\right)$

⑧ $\frac{9}{10}+\frac{3}{4}=\frac{18}{20}+\frac{15}{20}=\frac{33}{20}\left(1\frac{13}{20}\right)$

23

22ページ

3 （ ）の中の分数を通分しましょう。

① $\left(\frac{3}{4}, \frac{3}{5}\right)$　$\left(\frac{15}{20}, \frac{12}{20}\right)$

② $\left(\frac{1}{6}, \frac{3}{8}\right)$　$\left(\frac{4}{24}, \frac{9}{24}\right)$

③ $\left(\frac{3}{10}, \frac{2}{5}\right)$　$\left(\frac{3}{10}, \frac{4}{10}\right)$

④ $\left(\frac{1}{4}, \frac{3}{10}\right)$　$\left(\frac{5}{20}, \frac{6}{20}\right)$

⑤ $\left(\frac{3}{7}, \frac{2}{3}\right)$　$\left(\frac{9}{21}, \frac{14}{21}\right)$

テストに出るうんこ
「うんこを狩る者たち」
うんこハンター名鑑
ワールド編
8

ハインリヒ
「最後に君のうんこに足りなかったものを教えてあげよう…。気品だよ。」

アメリカの雑誌 Unko Times で「世界で最も美しくうんこをハントする男」としても紹介されたドイツの至宝。一つのうんこを狩るために，服やアクセサリーを1年以上かけて選ぶことも。有名ブランドのモデルもつとめる。

24ページ

3 計算をしましょう。

① $\frac{3}{4}+\frac{2}{3}=\frac{9}{12}+\frac{8}{12}=\frac{17}{12}\left(1\frac{5}{12}\right)$

② $\frac{4}{7}+\frac{3}{8}=\frac{32}{56}+\frac{21}{56}=\frac{53}{56}$

③ $\frac{7}{12}+\frac{1}{3}=\frac{7}{12}+\frac{4}{12}=\frac{11}{12}$

④ $\frac{1}{6}+\frac{1}{4}=\frac{2}{12}+\frac{3}{12}=\frac{5}{12}$

⑤ $\frac{5}{8}+\frac{1}{2}=\frac{5}{8}+\frac{4}{8}=\frac{9}{8}\left(1\frac{1}{8}\right)$

⑥ $\frac{2}{3}+\frac{1}{9}=\frac{6}{9}+\frac{1}{9}=\frac{7}{9}$

⑦ $\frac{4}{9}+\frac{1}{15}=\frac{20}{45}+\frac{3}{45}=\frac{23}{45}$

⑧ $\frac{3}{20}+\frac{1}{5}=\frac{3}{20}+\frac{4}{20}=\frac{7}{20}$

⑨ $\frac{1}{15}+\frac{1}{6}=\frac{2}{30}+\frac{5}{30}=\frac{7}{30}$

⑩ $\frac{1}{8}+\frac{7}{10}=\frac{5}{40}+\frac{28}{40}=\frac{33}{40}$

うんこ文章題にチャレンジ! 3

うんこがピチピチ飛びはねていました。海水を$\frac{1}{3}$Lかけるとうれしそうにしていたので，さらに$\frac{1}{4}$Lの海水をかけました。うんこにかけた海水は全部で何Lですか。

式　$\frac{1}{3}+\frac{1}{4}=\frac{7}{12}$

答え　$\frac{7}{12}$L

24

答え

25 ページ

分数のひき算①

今日のせいせき まちがいが 0~2こ よくできたね！ 3~5こ できたね 6こ~ がんばれ

分母のちがう分数のひき算は，分母を同じにすればできるね。

1 $\frac{2}{3}-\frac{1}{5}$の計算のしかたを考えます。

分母のちがう分数のひき算は，通分してから計算する。

$\frac{2}{3}-\frac{1}{5}=\frac{10}{15}-\frac{3}{15}$ ← 通分する。

$=\frac{7}{15}$

分母が同じになったら，分母はそのままで，分子だけひけばいいのじゃ。

2 計算をしましょう。

① $\frac{5}{6}-\frac{1}{4}=\frac{10}{12}-\frac{3}{12}=\frac{7}{12}$

② $\frac{1}{2}-\frac{1}{12}=\frac{6}{12}-\frac{1}{12}=\frac{5}{12}$

③ $\frac{7}{9}-\frac{1}{4}=\frac{28}{36}-\frac{9}{36}=\frac{19}{36}$

④ $\frac{3}{8}-\frac{1}{3}=\frac{9}{24}-\frac{8}{24}=\frac{1}{24}$

⑤ $\frac{5}{8}-\frac{3}{10}=\frac{25}{40}-\frac{12}{40}=\frac{13}{40}$

⑥ $\frac{5}{9}-\frac{5}{12}=\frac{20}{36}-\frac{15}{36}=\frac{5}{36}$

⑦ $\frac{5}{8}-\frac{4}{9}=\frac{45}{72}-\frac{32}{72}=\frac{13}{72}$

⑧ $\frac{7}{10}-\frac{3}{7}=\frac{49}{70}-\frac{30}{70}=\frac{19}{70}$

25

27 ページ

分数のたし算②

今日のせいせき まちがいが 0~2こ よくできたね！ 3~5こ できたね 6こ~ がんばれ

答えで約分がある分数のたし算をするよ。約分のしわすれに気をつけよう。

1 $\frac{1}{2}+\frac{5}{6}$の計算のしかたを考えます。

$\frac{1}{2}+\frac{5}{6}=\frac{3}{6}+\frac{5}{6}$ ← 通分する。

$=\frac{\cancel{8}^{4}}{{}_{3}\cancel{6}}$ ← 約分する。

$=\frac{4}{3}\left(1\frac{1}{3}\right)$

答えが約分できるときは，約分する。

2 計算をしましょう。

① $\frac{7}{10}+\frac{1}{2}$
$=\frac{7}{10}+\frac{5}{10}=\frac{\cancel{12}^{6}}{\cancel{10}_{5}}=\frac{6}{5}\left(1\frac{1}{5}\right)$

② $\frac{1}{6}+\frac{3}{10}$
$=\frac{5}{30}+\frac{9}{30}=\frac{\cancel{14}^{7}}{\cancel{30}_{15}}=\frac{7}{15}$

③ $\frac{3}{20}+\frac{1}{4}$
$=\frac{3}{20}+\frac{5}{20}=\frac{\cancel{8}^{2}}{\cancel{20}_{5}}=\frac{2}{5}$

④ $\frac{1}{4}+\frac{5}{12}$
$=\frac{3}{12}+\frac{5}{12}=\frac{\cancel{8}^{2}}{\cancel{12}_{3}}=\frac{2}{3}$

⑤ $\frac{11}{12}+\frac{1}{3}$
$=\frac{11}{12}+\frac{4}{12}=\frac{\cancel{15}^{5}}{\cancel{12}_{4}}=\frac{5}{4}\left(1\frac{1}{4}\right)$

⑥ $\frac{5}{6}+\frac{5}{12}$
$=\frac{10}{12}+\frac{5}{12}=\frac{\cancel{15}^{5}}{\cancel{12}_{4}}=\frac{5}{4}\left(1\frac{1}{4}\right)$

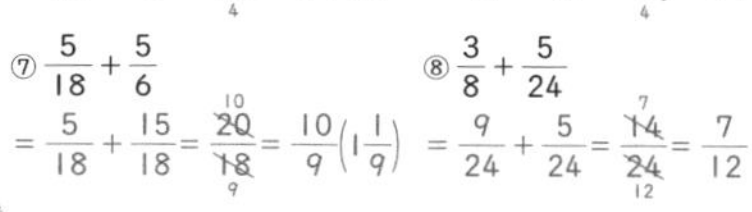

⑦ $\frac{5}{18}+\frac{5}{6}$
$=\frac{5}{18}+\frac{15}{18}=\frac{\cancel{20}^{10}}{\cancel{18}_{9}}=\frac{10}{9}\left(1\frac{1}{9}\right)$

⑧ $\frac{3}{8}+\frac{5}{24}$
$=\frac{9}{24}+\frac{5}{24}=\frac{\cancel{14}^{7}}{\cancel{24}_{12}}=\frac{7}{12}$

27

26 ページ

3 計算をしましょう。

① $\frac{1}{2}-\frac{1}{4}=\frac{2}{4}-\frac{1}{4}=\frac{1}{4}$

② $\frac{3}{10}-\frac{1}{4}=\frac{6}{20}-\frac{5}{20}=\frac{1}{20}$

③ $\frac{9}{10}-\frac{1}{3}=\frac{27}{30}-\frac{10}{30}=\frac{17}{30}$

④ $\frac{3}{7}-\frac{1}{3}=\frac{9}{21}-\frac{7}{21}=\frac{2}{21}$

⑤ $\frac{11}{12}-\frac{1}{9}=\frac{33}{36}-\frac{4}{36}=\frac{29}{36}$

⑥ $\frac{2}{3}-\frac{5}{18}=\frac{12}{18}-\frac{5}{18}=\frac{7}{18}$

⑦ $\frac{2}{5}-\frac{1}{4}=\frac{8}{20}-\frac{5}{20}=\frac{3}{20}$

⑧ $\frac{7}{8}-\frac{2}{7}=\frac{49}{56}-\frac{16}{56}=\frac{33}{56}$

⑨ $\frac{3}{8}-\frac{1}{4}=\frac{3}{8}-\frac{2}{8}=\frac{1}{8}$

⑩ $\frac{3}{4}-\frac{9}{14}=\frac{21}{28}-\frac{18}{28}=\frac{3}{28}$

うんこ文章題にチャレンジ！ 4

父がうんこを積み上げています。高さ $\frac{3}{4}$ m になったところで，仕事の電話に出ました。

その間に，$\frac{3}{5}$ m くずれ落ちてしまいました。

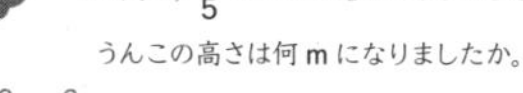

うんこの高さは何 m になりましたか。

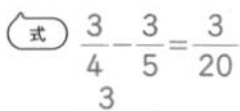

式 $\frac{3}{4}-\frac{3}{5}=\frac{3}{20}$

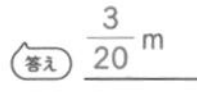

答え $\frac{3}{20}$ m

26

28 ページ

3 計算をしましょう。

① $\frac{1}{6}+\frac{1}{2}$
$=\frac{1}{6}+\frac{3}{6}=\frac{\cancel{4}^{2}}{\cancel{6}_{3}}=\frac{2}{3}$

② $\frac{3}{10}+\frac{1}{2}$
$=\frac{3}{10}+\frac{5}{10}=\frac{\cancel{8}^{4}}{\cancel{10}_{5}}=\frac{4}{5}$

③ $\frac{1}{18}+\frac{1}{9}$
$=\frac{1}{18}+\frac{2}{18}=\frac{\cancel{3}^{1}}{\cancel{18}_{6}}=\frac{1}{6}$

④ $\frac{9}{10}+\frac{3}{5}$
$=\frac{9}{10}+\frac{6}{10}=\frac{\cancel{15}^{3}}{\cancel{10}_{2}}=\frac{3}{2}\left(1\frac{1}{2}\right)$

⑤ $\frac{2}{3}+\frac{1}{12}$
$=\frac{8}{12}+\frac{1}{12}=\frac{\cancel{9}^{3}}{\cancel{12}_{4}}=\frac{3}{4}$

⑥ $\frac{3}{4}+\frac{11}{20}$
$=\frac{15}{20}+\frac{11}{20}=\frac{\cancel{26}^{13}}{\cancel{20}_{10}}=\frac{13}{10}\left(1\frac{3}{10}\right)$

⑦ $\frac{5}{6}+\frac{1}{10}$
$=\frac{25}{30}+\frac{3}{30}=\frac{\cancel{28}^{14}}{\cancel{30}_{15}}=\frac{14}{15}$

⑧ $\frac{1}{12}+\frac{3}{4}$
$=\frac{1}{12}+\frac{9}{12}=\frac{\cancel{10}^{5}}{\cancel{12}_{6}}=\frac{5}{6}$

⑨ $\frac{13}{15}+\frac{4}{5}$
$=\frac{13}{15}+\frac{12}{15}=\frac{\cancel{25}^{5}}{\cancel{15}_{3}}=\frac{5}{3}\left(1\frac{2}{3}\right)$

⑩ $\frac{7}{12}+\frac{1}{6}$
$=\frac{7}{12}+\frac{2}{12}=\frac{\cancel{9}^{3}}{\cancel{12}_{4}}=\frac{3}{4}$

うんこ文章題にチャレンジ！ 5

校長先生の家から東に $\frac{1}{4}$ km のところにインドゾウのうんこを，西に $\frac{11}{12}$ km のところにシロサイのうんこを置きました。

インドゾウのうんこからシロサイのうんこまでは何 km ですか。

式 $\frac{1}{4}+\frac{11}{12}=\frac{7}{6}\left(1\frac{1}{6}\right)$

答え $\frac{7}{6}$km$\left(1\frac{1}{6}\text{km}\right)$

28

答え

29ページ

15 分数のひき算②

今日のせいせき まちがいが 0〜2こ よくできたね！ 3〜5こ できたね 6こ〜 がんばれ

答えで約分がある分数のひき算をするよ。約分のしわすれに気をつけよう。

1 $\frac{2}{3}-\frac{5}{12}$の計算のしかたを考えます。

$\frac{2}{3}-\frac{5}{12}=\frac{8}{12}-\frac{5}{12}$ ← 通分する。

$=\frac{\cancel{3}^{1}}{\cancel{12}_{4}}$ ← 約分する。

$=\frac{1}{4}$ 答えが約分できるときは、約分する。

2 計算をしましょう。

① $\frac{3}{4}-\frac{7}{12}=\frac{9}{12}-\frac{7}{12}=\frac{2}{12}=\frac{1}{6}$

② $\frac{5}{12}-\frac{1}{6}=\frac{5}{12}-\frac{2}{12}=\frac{3}{12}=\frac{1}{4}$

③ $\frac{7}{20}-\frac{1}{4}=\frac{7}{20}-\frac{5}{20}=\frac{2}{20}=\frac{1}{10}$

④ $\frac{2}{3}-\frac{1}{15}=\frac{10}{15}-\frac{1}{15}=\frac{9}{15}=\frac{3}{5}$

⑤ $\frac{9}{10}-\frac{1}{6}=\frac{27}{30}-\frac{5}{30}=\frac{22}{30}=\frac{11}{15}$

⑥ $\frac{1}{2}-\frac{1}{10}=\frac{5}{10}-\frac{1}{10}=\frac{4}{10}=\frac{2}{5}$

⑦ $\frac{1}{4}-\frac{1}{20}=\frac{5}{20}-\frac{1}{20}=\frac{4}{20}=\frac{1}{5}$

⑧ $\frac{3}{5}-\frac{1}{10}=\frac{6}{10}-\frac{1}{10}=\frac{5}{10}=\frac{1}{2}$

29

31ページ

16 帯分数のたし算

今日のせいせき まちがいが 0〜2こ よくできたね！ 3〜5こ できたね 6こ〜 がんばれ

帯分数のたし算は、4年生で習ったね。5年生では分母がちがう帯分数のたし算をするよ。

1 $2\frac{2}{5}+3\frac{1}{3}$の計算のしかたを考えます。

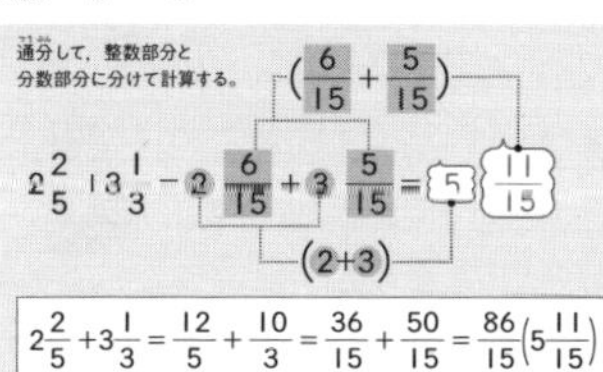

通分して，整数部分と分数部分に分けて計算する。
$2\frac{2}{5}+3\frac{1}{3}=2\frac{6}{15}+3\frac{5}{15}=5\frac{11}{15}$
$(\frac{6}{15}+\frac{5}{15})$
$(2+3)$

$2\frac{2}{5}+3\frac{1}{3}=\frac{12}{5}+\frac{10}{3}=\frac{36}{15}+\frac{50}{15}=\frac{86}{15}\left(5\frac{11}{15}\right)$

2 計算をしましょう。

① $1\frac{4}{9}+2\frac{1}{4}=1\frac{16}{36}+2\frac{9}{36}=3\frac{25}{36}\left(\frac{133}{36}\right)$

② $1\frac{1}{10}+4\frac{2}{3}=1\frac{3}{30}+4\frac{20}{30}=5\frac{23}{30}\left(\frac{173}{30}\right)$

③ $2\frac{3}{5}+\frac{3}{20}=2\frac{12}{20}+\frac{3}{20}=2\frac{15}{20}=2\frac{3}{4}\left(\frac{11}{4}\right)$

④ $3\frac{1}{3}+2\frac{5}{12}=3\frac{4}{12}+2\frac{5}{12}=5\frac{9}{12}=5\frac{3}{4}\left(\frac{23}{4}\right)$

⑤ $1\frac{7}{12}+3\frac{1}{4}=1\frac{7}{12}+3\frac{3}{12}=4\frac{10}{12}=4\frac{5}{6}\left(\frac{29}{6}\right)$

⑥ $2\frac{1}{10}+\frac{3}{4}=2\frac{2}{20}+\frac{15}{20}=2\frac{17}{20}\left(\frac{57}{20}\right)$

⑦ $4\frac{7}{18}+\frac{1}{6}=4\frac{7}{18}+\frac{3}{18}=4\frac{10}{18}=4\frac{5}{9}\left(\frac{41}{9}\right)$

⑧ $\frac{2}{15}+1\frac{2}{9}=\frac{6}{45}+1\frac{10}{45}=1\frac{16}{45}\left(\frac{61}{45}\right)$

31

30ページ

3 計算をしましょう。

① $\frac{4}{5}-\frac{3}{10}=\frac{8}{10}-\frac{3}{10}=\frac{5}{10}=\frac{1}{2}$

② $\frac{11}{12}-\frac{1}{6}=\frac{11}{12}-\frac{2}{12}=\frac{9}{12}=\frac{3}{4}$

③ $\frac{3}{4}-\frac{5}{12}=\frac{9}{12}-\frac{5}{12}=\frac{4}{12}=\frac{1}{3}$

④ $\frac{11}{12}-\frac{2}{3}=\frac{11}{12}-\frac{8}{12}=\frac{3}{12}=\frac{1}{4}$

⑤ $\frac{9}{20}-\frac{1}{4}=\frac{9}{20}-\frac{5}{20}=\frac{4}{20}=\frac{1}{5}$

⑥ $\frac{2}{3}-\frac{1}{6}=\frac{4}{6}-\frac{1}{6}=\frac{3}{6}=\frac{1}{2}$

⑦ $\frac{9}{10}-\frac{5}{6}=\frac{27}{30}-\frac{25}{30}=\frac{2}{30}=\frac{1}{15}$

⑧ $\frac{8}{9}-\frac{7}{18}=\frac{16}{18}-\frac{7}{18}=\frac{9}{18}=\frac{1}{2}$

⑨ $\frac{7}{10}-\frac{1}{2}=\frac{7}{10}-\frac{5}{10}=\frac{2}{10}=\frac{1}{5}$

⑩ $\frac{3}{4}-\frac{1}{20}=\frac{15}{20}-\frac{1}{20}=\frac{14}{20}=\frac{7}{10}$

うんこを粉末状にした「うんこパウダー」を $\frac{3}{4}$ gもらいました。入れ物のふたを開けたとたん，風で $\frac{1}{12}$ g飛んでいってしまいました。残ったうんこパウダーは何gですか。

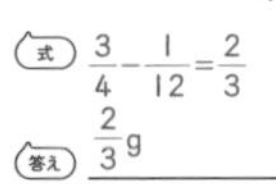

式 $\frac{3}{4}-\frac{1}{12}=\frac{2}{3}$

答え $\frac{2}{3}$g

30

32ページ

3 計算をしましょう。

① $\frac{3}{4}+1\frac{1}{5}=\frac{15}{20}+1\frac{4}{20}=1\frac{19}{20}\left(\frac{39}{20}\right)$

② $\frac{7}{10}+2\frac{1}{6}=\frac{21}{30}+2\frac{5}{30}=2\frac{26}{30}=2\frac{13}{15}\left(\frac{43}{15}\right)$

③ $1\frac{7}{18}+3\frac{5}{9}=1\frac{7}{18}+3\frac{10}{18}=4\frac{17}{18}\left(\frac{89}{18}\right)$

④ $3\frac{3}{20}+\frac{3}{4}=3\frac{3}{20}+\frac{15}{20}=3\frac{18}{20}=3\frac{9}{10}\left(\frac{39}{10}\right)$

⑤ $1\frac{3}{4}+4\frac{7}{9}=1\frac{27}{36}+4\frac{28}{36}=5\frac{55}{36}=6\frac{19}{36}\left(\frac{235}{36}\right)$

⑥ $5\frac{13}{18}+2\frac{7}{9}=5\frac{13}{18}+2\frac{14}{18}=7\frac{27}{18}=8\frac{9}{18}=8\frac{1}{2}\left(\frac{17}{2}\right)$

テストに出るうんこ

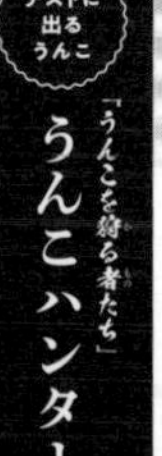
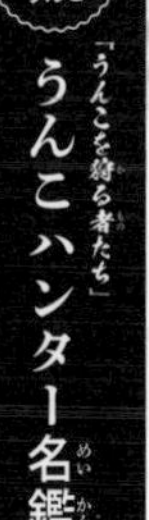

中国が誇る最強うんこハンター。「王皓がその気になれば、この惑星にある全てのうんこが2時間でハントされてしまうだろう」と言われるほど、その能力の高さは桁違いであり、もはや絶対的な存在としてうんこハンティング界に君臨している。

33 ページ

帯分数のひき算

今日のせいせき まちがいが
0-2こ よくできたね!
3-5こ できたね
6こ~ がんばれ

分母のちがう帯分数のひき算をするよ。まずは通分。

1 $5\frac{3}{4}-2\frac{1}{3}$ の計算のしかたを考えます。

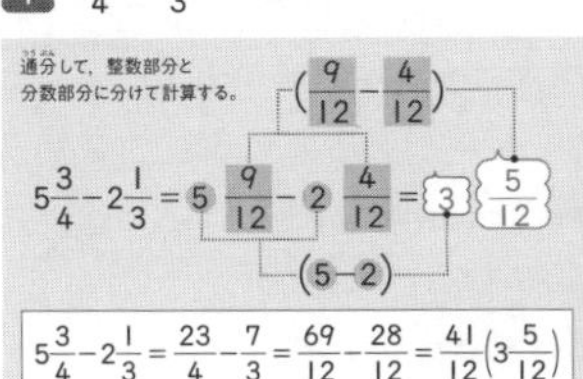

通分して，整数部分と
分数部分に分けて計算する。
$5\frac{3}{4}-2\frac{1}{3}=5\frac{9}{12}-2\frac{4}{12}=3\frac{5}{12}$
$\left(\frac{9}{12}-\frac{4}{12}\right)$
$(5-2)$

仮分数に直して計算することもできるぞい。

$$5\frac{3}{4}-2\frac{1}{3}=\frac{23}{4}-\frac{7}{3}=\frac{69}{12}-\frac{28}{12}=\frac{41}{12}\left(3\frac{5}{12}\right)$$

2 計算をしましょう。

① $3\frac{3}{5}-1\frac{1}{3}=3\frac{9}{15}-1\frac{5}{15}=2\frac{4}{15}\left(\frac{34}{15}\right)$

② $4\frac{5}{6}-2\frac{3}{4}=4\frac{10}{12}-2\frac{9}{12}=2\frac{1}{12}\left(\frac{25}{12}\right)$

③ $4\frac{11}{12}-1\frac{2}{3}=4\frac{11}{12}-1\frac{8}{12}=3\frac{\cancel{3}^{1}}{\cancel{12}_{4}}=3\frac{1}{4}\left(\frac{13}{4}\right)$

④ $2\frac{3}{4}-2\frac{2}{7}=2\frac{21}{28}-2\frac{8}{28}=\frac{13}{28}$

⑤ $5\frac{5}{9}-3\frac{7}{15}=5\frac{25}{45}-3\frac{21}{45}=2\frac{4}{45}\left(\frac{94}{45}\right)$

⑥ $3\frac{1}{8}-\frac{1}{24}=3\frac{3}{24}-\frac{1}{24}=3\frac{\cancel{2}^{1}}{\cancel{24}_{12}}=3\frac{1}{12}\left(\frac{37}{12}\right)$

⑦ $1\frac{3}{8}-1\frac{1}{10}=1\frac{15}{40}-1\frac{4}{40}=\frac{11}{40}$

⑧ $2\frac{5}{6}-\frac{1}{12}=2\frac{10}{12}-\frac{1}{12}=2\frac{\cancel{9}^{3}}{\cancel{12}_{4}}=2\frac{3}{4}\left(\frac{11}{4}\right)$

33

35 ページ

18 分数と小数の混じった計算

今日のせいせき まちがいが
0-2こ よくできたね!
3-5こ できたね
6こ~ がんばれ

分数と小数の混じった計算は，分数か小数どちらかにそろえて計算するよ。

1 $\frac{3}{5}+0.7$ の計算のしかたを考えます。

分数と小数の混じった計算は，どちらかにそろえて計算するが，分数を正確な小数に直せないときは，分数にそろえて計算する。

方法1 小数を分数に直す。

$$\frac{3}{5}+0.7=\frac{3}{5}+\frac{7}{10}=\frac{6}{10}+\frac{7}{10}=\frac{13}{10}\left(1\frac{3}{10}\right)$$

方法2 分数を小数に直す。

$$\frac{3}{5}+0.7=0.6+0.7=1.3$$

$3\div5$

2 計算をしましょう。

① $\frac{2}{3}+0.3=\frac{2}{3}+\frac{3}{10}=\frac{20}{30}+\frac{9}{30}=\frac{29}{30}$

② $0.7+\frac{3}{4}=\frac{7}{10}+\frac{3}{4}=\frac{14}{20}+\frac{15}{20}=\frac{29}{20}\left(1\frac{9}{20}\right)$ $(=0.7+0.75=1.45)$

③ $0.9+\frac{1}{2}=\frac{9}{10}+\frac{1}{2}=\frac{9}{10}+\frac{5}{10}=\frac{\cancel{14}^{7}}{\cancel{10}_{5}}=\frac{7}{5}\left(1\frac{2}{5}\right)$ $(=0.9+0.5=1.4)$

④ $0.4+\frac{3}{5}=\frac{\cancel{4}^{2}}{\cancel{10}_{5}}+\frac{3}{5}=\frac{5}{5}=1$ $(=0.4+0.6=1)$

⑤ $\frac{1}{5}+0.25=\frac{1}{5}+\frac{\cancel{25}^{1}}{\cancel{100}_{4}}=\frac{4}{20}+\frac{5}{20}=\frac{9}{20}$ $(=0.2+0.25=0.45)$

⑥ $0.6-\frac{1}{4}=\frac{\cancel{6}^{3}}{\cancel{10}_{5}}-\frac{1}{4}=\frac{12}{20}-\frac{5}{20}=\frac{7}{20}$ $(=0.6-0.25=0.35)$

⑦ $0.6-\frac{2}{5}=\frac{\cancel{6}^{3}}{\cancel{10}_{5}}-\frac{2}{5}=\frac{1}{5}$ $(=0.6-0.4=0.2)$

⑧ $\frac{4}{7}-0.5=\frac{4}{7}-\frac{\cancel{5}^{1}}{\cancel{10}_{2}}=\frac{8}{14}-\frac{7}{14}=\frac{1}{14}$

35

34 ページ

3 計算をしましょう。

① $3\frac{7}{8}-1\frac{3}{4}=3\frac{7}{8}-1\frac{6}{8}=2\frac{1}{8}\left(\frac{17}{8}\right)$

② $6\frac{1}{2}-\frac{1}{18}=6\frac{9}{18}-\frac{1}{18}=6\frac{\cancel{8}^{4}}{\cancel{18}_{9}}=6\frac{4}{9}\left(\frac{58}{9}\right)$

③ $2\frac{1}{3}-\frac{1}{15}=2\frac{5}{15}-\frac{1}{15}=2\frac{4}{15}\left(\frac{34}{15}\right)$

④ $5\frac{5}{8}-3\frac{7}{24}=5\frac{15}{24}-3\frac{7}{24}=2\frac{\cancel{8}^{1}}{\cancel{24}_{3}}=2\frac{1}{3}\left(\frac{7}{3}\right)$

⑤ $4\frac{11}{15}-1\frac{4}{5}=4\frac{11}{15}-1\frac{12}{15}=3\frac{26}{15}-1\frac{12}{15}=2\frac{14}{15}\left(\frac{44}{15}\right)$

⑥ $3\frac{1}{10}-1\frac{3}{20}=3\frac{2}{20}-1\frac{3}{20}=2\frac{22}{20}-1\frac{3}{20}=1\frac{19}{20}\left(\frac{39}{20}\right)$

テストに出るうんこ

「うんこを狩る者たち」 うんこハンター名鑑 ワールド編 10

ジ・エンペラー
(本名不明)

今から2年前，世界を震撼させる事件が起きた。ジェイムス，スカーレット，王皓というトップうんこハンター3人が，ある1人のうんこハンターに敗れたのだ。その名も「ジ・エンペラー」。国籍も年齢も性別も不明。敗れた3人は口をそろえてこう言った。「やつは，人間じゃなかった」――。いったい，「ジ・エンペラー」とは何者なのだろうか!?

36 ページ

3 計算をしましょう。

① $0.2+\frac{3}{8}=\frac{\cancel{2}^{1}}{\cancel{10}_{5}}+\frac{3}{8}=\frac{8}{40}+\frac{15}{40}=\frac{23}{40}$ $(=0.2+0.375=0.575)$

② $\frac{2}{9}+0.1=\frac{2}{9}+\frac{1}{10}=\frac{20}{90}+\frac{9}{90}=\frac{29}{90}$

③ $\frac{2}{5}+0.5=\frac{2}{5}+\frac{\cancel{5}^{1}}{\cancel{10}_{2}}=\frac{4}{10}+\frac{5}{10}=\frac{9}{10}$ $(=0.4+0.5=0.9)$

④ $\frac{3}{10}+0.18=\frac{3}{10}+\frac{\cancel{18}^{9}}{\cancel{100}_{50}}=\frac{15}{50}+\frac{9}{50}=\frac{\cancel{24}^{12}}{\cancel{50}_{25}}=\frac{12}{25}$ $(=0.3+0.18=0.48)$

⑤ $0.6+\frac{7}{8}=\frac{\cancel{6}^{3}}{\cancel{10}_{5}}+\frac{7}{8}=\frac{24}{40}+\frac{35}{40}=\frac{59}{40}\left(1\frac{19}{40}\right)$ $(=0.6+0.875=1.475)$

⑥ $\frac{3}{8}-0.35=\frac{3}{8}-\frac{\cancel{35}^{7}}{\cancel{100}_{20}}=\frac{15}{40}-\frac{14}{40}=\frac{1}{40}$ $(=0.375-0.35=0.025)$

⑦ $0.4-\frac{1}{4}=\frac{\cancel{4}^{2}}{\cancel{10}_{5}}-\frac{1}{4}=\frac{8}{20}-\frac{5}{20}=\frac{3}{20}$ $(=0.4-0.25=0.15)$

⑧ $\frac{3}{5}-0.3=\frac{3}{5}-\frac{3}{10}=\frac{6}{10}-\frac{3}{10}=\frac{3}{10}$ $(=0.6-0.3=0.3)$

⑨ $0.7-\frac{1}{2}=\frac{7}{10}-\frac{1}{2}=\frac{7}{10}-\frac{5}{10}=\frac{\cancel{2}^{1}}{\cancel{10}_{5}}=\frac{1}{5}$ $(=0.7-0.5=0.2)$

⑩ $\frac{4}{5}-0.75=\frac{4}{5}-\frac{\cancel{75}^{3}}{\cancel{100}_{4}}=\frac{16}{20}-\frac{15}{20}=\frac{1}{20}$ $(=0.8-0.75=0.05)$

36

答え

37ページ

19 かくにんテスト 2

今日のせいせき まちがいが
0~2こ よくできたね!
3~5こ できたね
6こ~ がんばれ

点

1 約分しましょう。 〈1つ4点〉

① $\frac{3}{18}=\frac{1}{6}$　② $\frac{18}{27}=\frac{2}{3}$

③ $\frac{24}{36}=\frac{2}{3}$　④ $\frac{27}{54}=\frac{1}{2}$

⑤ $\frac{16}{28}=\frac{4}{7}$　⑥ $\frac{30}{45}=\frac{2}{3}$

2 ( )の中の分数を通分しましょう。 〈1つ4点〉

① $\left(\frac{3}{8}, \frac{5}{6}\right)$　$\left(\frac{9}{24}, \frac{20}{24}\right)$　② $\left(\frac{3}{4}, \frac{7}{12}\right)$　$\left(\frac{9}{12}, \frac{7}{12}\right)$

③ $\left(\frac{1}{5}, \frac{2}{3}\right)$　$\left(\frac{3}{15}, \frac{10}{15}\right)$　④ $\left(\frac{1}{12}, \frac{1}{16}\right)$　$\left(\frac{4}{48}, \frac{3}{48}\right)$

⑤ $\left(\frac{5}{12}, \frac{3}{8}\right)$　$\left(\frac{10}{24}, \frac{9}{24}\right)$

37

39ページ

20 まとめテスト 5年生の分数

今日のせいせき まちがいが
0~2こ よくできたね!
3~5こ できたね
6こ~ がんばれ

点

1 10と16の公倍数を小さいほうから順に3つと，最小公倍数を答えましょう。 〈全部できて4点〉

公倍数　80，160，240
最小公倍数　80

2 10と40の公約数全部と，最大公約数を答えましょう。 〈全部できて4点〉

公約数　1，2，3，6
最大公約数　6

3 □にあてはまる数を書きましょう。 〈1つ4点〉

① $7\div4=\frac{7}{4}$　② $6\div13=\frac{6}{13}$

③ $\frac{3}{11}=3\div11$　④ $\frac{8}{5}=8\div5$

4 小数や整数を分数で表しましょう。
整数は1を分母とする分数で表しましょう。 〈1つ4点〉

① 1.53　$\frac{153}{100}\left(1\frac{53}{100}\right)$　② 0.09　$\frac{9}{100}$　③ 4　$\frac{4}{1}$

5 分数を小数か整数で表しましょう。 〈1つ4点〉

① $\frac{10}{5}=10\div5=2$　② $1\frac{1}{4}$　$\frac{1}{4}=1\div4=0.25$
$1+0.25=1.25$　$\left(1\frac{1}{4}=\frac{5}{4}=5\div4=1.25\right)$

39

38ページ

3 計算をしましょう。 〈1つ4点〉

① $\frac{2}{3}+\frac{4}{7}$
$=\frac{14}{21}+\frac{12}{21}=\frac{26}{21}\left(1\frac{5}{21}\right)$

② $\frac{5}{6}+\frac{7}{12}$
$=\frac{10}{12}+\frac{7}{12}=\frac{17}{12}\left(1\frac{5}{12}\right)$

③ $\frac{1}{6}+\frac{3}{22}$
$=\frac{11}{66}+\frac{9}{66}=\frac{20}{66}=\frac{10}{33}$

④ $1\frac{1}{12}+2\frac{1}{3}$
$=1\frac{1}{12}+2\frac{4}{12}=3\frac{5}{12}\left(\frac{41}{12}\right)$

⑤ $\frac{2}{5}-\frac{1}{3}$
$=\frac{6}{15}-\frac{5}{15}=\frac{1}{15}$

⑥ $\frac{1}{6}-\frac{1}{10}$
$=\frac{5}{30}-\frac{3}{30}=\frac{2}{30}=\frac{1}{15}$

⑦ $\frac{3}{8}-\frac{1}{12}$
$=\frac{9}{24}-\frac{2}{24}=\frac{7}{24}$

⑧ $3\frac{1}{5}-1\frac{2}{15}$
$=3\frac{3}{15}-1\frac{2}{15}=2\frac{1}{15}\left(\frac{31}{15}\right)$

⑨ $\frac{5}{6}+0.5$
$=\frac{5}{6}+\frac{5}{10}=\frac{5}{6}+\frac{3}{6}=\frac{8}{6}$
$=\frac{4}{3}\left(1\frac{1}{3}\right)$

⑩ $0.95-\frac{3}{4}$
$=\frac{95}{100}-\frac{3}{4}=\frac{19}{20}-\frac{15}{20}=\frac{4}{20}$
$=\frac{1}{5}$ (− 0.95 − 0.75 = 0.2)

4 次のうんこハンターの正しい名前をそれぞれ選んで，線で結びましょう。  〈全部できて16点〉

ハインリヒ　エミリオ・カマーチョ　王皓

38

40ページ

6 計算をしましょう。 〈1つ4点〉

① $\frac{3}{4}+\frac{8}{9}$
$=\frac{27}{36}+\frac{32}{36}=\frac{59}{36}\left(1\frac{23}{36}\right)$

② $\frac{1}{6}+\frac{5}{18}$
$=\frac{3}{18}+\frac{5}{18}=\frac{8}{18}=\frac{4}{9}$

③ $1\frac{3}{10}+2\frac{5}{6}$
$=1\frac{9}{30}+2\frac{25}{30}=3\frac{34}{30}$
$=4\frac{4}{30}=4\frac{2}{15}\left(\frac{62}{15}\right)$

④ $0.4+\frac{1}{6}$
$=\frac{4}{10}+\frac{1}{6}=\frac{12}{30}+\frac{5}{30}=\frac{17}{30}$

⑤ $\frac{5}{7}-\frac{3}{14}$
$=\frac{10}{14}-\frac{3}{14}=\frac{7}{14}=\frac{1}{2}$

⑥ $\frac{8}{15}-\frac{1}{3}$
$=\frac{8}{15}-\frac{5}{15}=\frac{3}{15}=\frac{1}{5}$

⑦ $3\frac{3}{4}-1\frac{3}{10}$
$=3\frac{15}{20}-1\frac{6}{20}=2\frac{9}{20}\left(\frac{49}{20}\right)$

⑧ $\frac{4}{5}-0.5$
$=\frac{4}{5}-\frac{5}{10}=\frac{8}{10}-\frac{5}{10}=\frac{3}{10}$
(= 0.8 − 0.5 = 0.3)

7 次のうんこハンターのうち，第30回世界うんこハント大会決勝で戦っていないのはだれですか。 〈24点〉

あ スカーレット・ロア　い ジ・エンペラー　う ジェイムス・ゴールデンフィールド

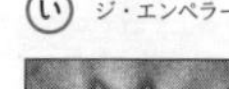

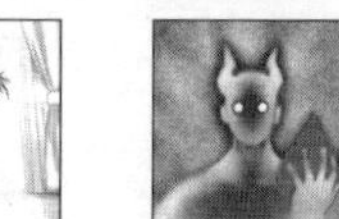

40

計算などで
自由に使おう！

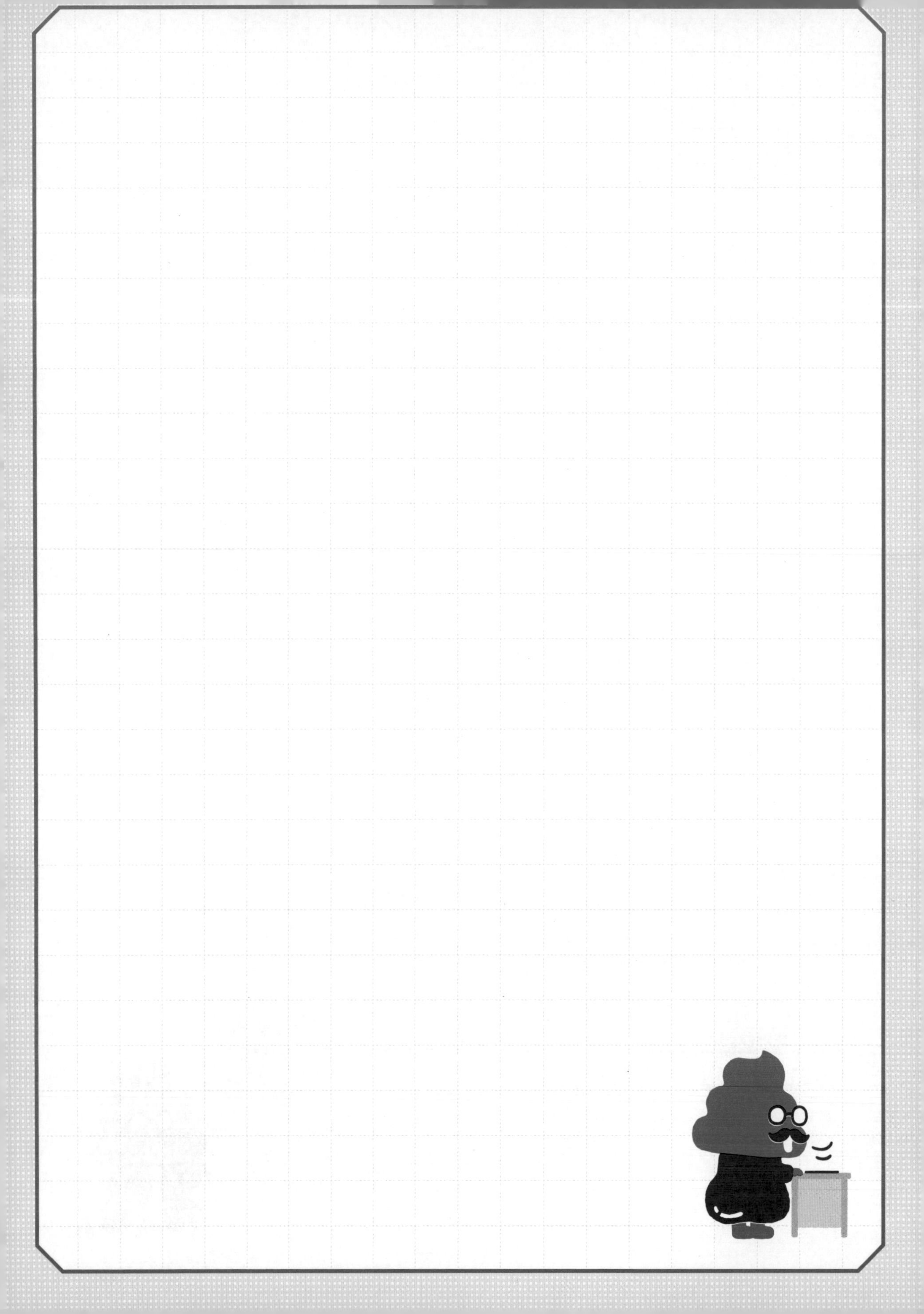

うんこ学園が楽しい理由

楽しく学んで、
楽しくあそべる！
学しゅうゲームが登場！

「うんこ学園」ではうんこドリルがしんかして、「まなび」「あそび」コンテンツがあるよ！うんこでわらって楽しくべんきょうしよう！

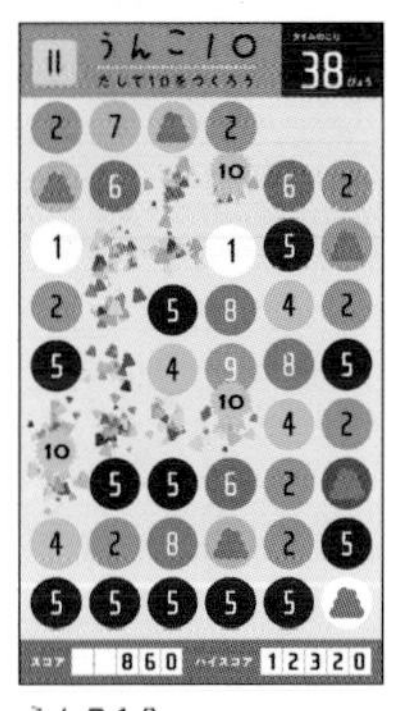

うんこ10

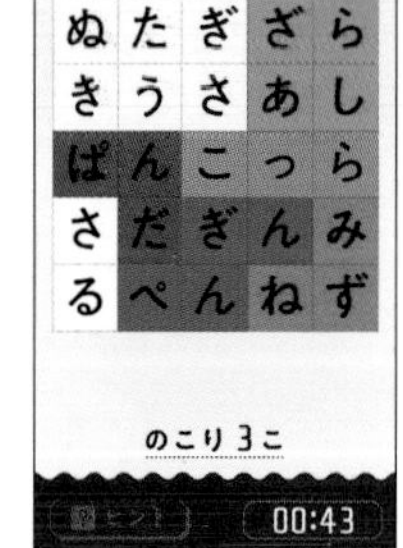

なまえさがし

ブリーをためて、
オリジナルのブリーグッズを
ゲットしよう！

「うんこ学園」でためたブリー（ポイント）は、オリジナルのブリーグッズと交かんできるよ！

※ブリーグッズ／デザインは変わることがあります。

うんこステッカーもりあわせ

うんこ文ぼうぐセット

ひらけ！
金のうんことけい

うんこリュック

おうちの方へ

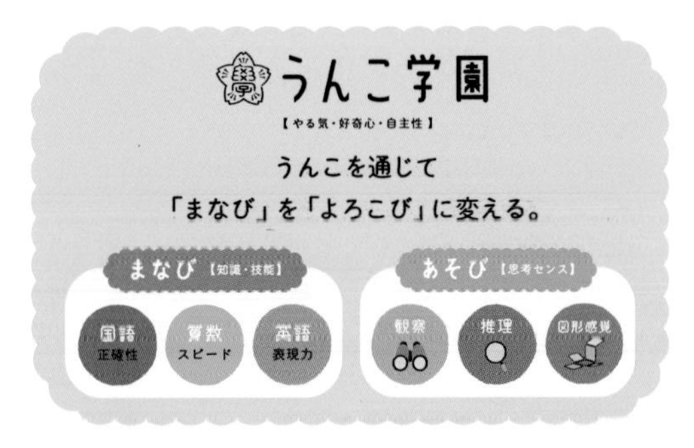

『うんこ学園』のメインとなる学びコンテンツをリリースしました。うんこドリルで培った笑いのノウハウとデジタルの良さを融合した新しいコンテンツです。

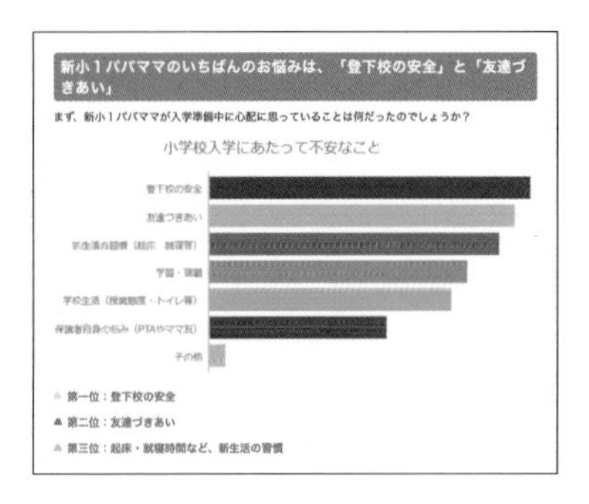

日本一の「ほごしゃ会」を目指す保護者情報コンテンツがOPENしました。役立つ先輩保護者の声がたくさんのっています！是非ご覧ください。

うんこ動画配信中！

うんこ学園動画は
こちら▼

チャンネル登録は
こちら▼

うんこ学園動画